私の樹木学習ノート

鈴木 正治 著

海青社

はじめに

　私の生まれた京都は身近に小自然があり、子供の頃には遊び場となり、高校の頃はフィールドワークの場であった。そして大学も林学を学んだ。卒業した1958 (昭和33)年頃は建築ブームの時代であり、私の進む方向もごく自然に決まった。すなわち、建築資材の木材研究分野を選んだ。その後40年、多少の選択肢を見きわめつつ、折々道草をして、子供の頃の夢を追った。林を逍遙し、植物を観察した。草の根的な調査、手作りの実験、林の生きものへの文化的思いなどを中心にこの本にまとめた。

　もとより大系化した書でない。"ノート"である。しかし重要ポイントは網羅してある。木質系、森林系の学生さん、一般の自然を愛する人達に読んでいただければ幸である。

　私に共鳴して助力して下さった人達と、出版の際お世話になった宮内久氏と関連する方々に深謝を申し上げる。

2004年4月

鈴　木　正　治

私の樹木学習ノート

$$\boxed{目 \quad 次}$$

【目次のガイダンス】

① 樹木の発芽から用材として利用されるまでの一生を、針葉樹はスギ、広葉樹はブナについて第2章と第5章に記述した。

② ヒノキは林より材に特質があるので、第1章では材の一般的性質をかなり詳しく記述し、カラマツ、アカマツ、トドマツ、エゾマツでは材の特徴的性質だけを書いた。

③ 山と樹木については第3章のカラマツ、第5章のブナのところで記述した。

④ 観光地のアカマツ、身近なところのその林と実生は第4章に記述した。

⑤ 北海道の林はやはり雄大で、格別の趣がある。第6章にまとめた。

⑥ 林の多様性の中であまりふれられずにきた問題を扱ったのが第7章である。人、生きものとの関係、21世紀のバイオマスなどをまとめた。

⑦ 第3章以後、章の題が針葉樹でも、広葉樹が結構含まれている。

目　次

はじめに 1

第1章　ヒノキ 7
1．ヒノキの生育地とヒノキの紹介 7
2．人とのかかわり　鉋がけへの挑戦——面と軸の活用 9
3．収縮と乾燥 12
　1）収縮率と収縮応力 12
　2）乾燥と反り 15
　　a）拡散式による含水率分布 15
　　b）3方向の拡散係数 16
　　c）繊維方向と自由水 17
　　d）乾燥の実際 17
　　e）反りの分布 19
　　f）干割れ 19
4．ヒノキの表面性 20
　1）ヒノキの材色 20
　2）ヒノキの触感 20
5．調湿性 22
　1）寒冷に対する調湿効果 22
　2）増加する湿度に対する調節 22
　3）ヒノキ、セメントの活性と比吸湿率 24
　4）まとめとヒノキの耐湿性 25
6．サニーベランダの試作 26
　1）序 26
　2）構造 27
　　a）力学面の検討 28
　　b）その他 28
　［補足1］ 29

第2章　スギ 31
1．種子を蒔く 31
2．稚樹の成長 32
3．細胞壁の生成 34
4．細胞壁の化学成分 36
5．年輪を構成するヤング率 39
6．ヤング率の追求 40
　1）重さ、形状との関係 40

2）化学成分のヤング率 41
　　　　a）セルロース 41
　　　　b）リグニン 42
　　　　c）ヘミセルロース 43
　　　　d）温水抽出物 44
　　　4）成分のヤング率の複合 44
　　　5）生育環境との関係 45
　7．ヤング率の用例 46
　　　1）軽い材 46
　　　2）重い材 46
　　　3）タフネスのある木 47
　8．幹材の内と外 49
　　　1）木の履歴 49
　　　2）木地の表象 50
第3章　カラマツ 53
　1．カラマツ林 53
　2．カラマツと鳳凰山系 53
　3．カラマツと共生する仲間達 55
　4．カラマツの活用 56
第4章　アカマツ 59
　1．アカマツ実生の自生スポット 59
　2．アカマツ林の役割 59
　3．アカマツの周辺の生物 60
　4．アカマツ材の接線収縮率 63
　　［補足1］.. 65
　　［補足2］.. 65
第5章　ブ　ナ 67
　1．ブ ナ 林 67
　　　1）男 体 山 67
　　　2）玉原高原 68
　　　3）夏 緑 林 70
　　　4）赤 城 山 70
　　　5）尾瀬とつくば山 71
　2．ブナ材とは 72
　　　1）湿気、熱に対する性質 72
　　　2）木炭との比較 74

3．ブナ材の利用 75
　　4．接着への展開 76
　　　［補足1］ 79
　　　［補足2］ 79
　　　［補足3］ 79
第6章　トドマツ・エゾマツ 81
　　1．美幌の林 81
　　2．トドマツ材の特徴 81
　　3．エゾマツ材の特徴 82
第7章　林からのおくりもの 85
　　1．京都盆地の林 85
　　2．神社、公園の林 89
　　　1）奈良の春日スギ 89
　　　2）カリフォルニアの森林公園 90
　　3．育てられる林 91
　　　［補足1］ 93

索　　引 95

　参　考　書

このノートには中級程度の内容のところがある。以下の参考書を利用されるとよい。
① 基本的なもの
・堤利夫編：森林生態学、朝倉書店 (1989)
・山中二男：日本の森林植生、築地書館 (1997)
・木材科学講座
　　　古野毅、澤辺攻編：組織と材質、海青社 (1994)
　　　髙橋徹、中山義雄編：物理、海青社 (1992)
　　　城代進、鮫島一彦編：化学、海青社 (1993)
② 専門的なもの
・日本林業技術協会編：森林・林業百科辞典、丸善 (2001)
・Hand Mohr; Peter Schopfer (網野真一、駒嶺ほか訳)：植物生理学、シュプリンガーフェアラーク東京 (1998)
・平井信二：木の大百科、朝倉書店 (1996)

第1章 ヒノキ

1. ヒノキの生育地とヒノキの紹介

　私が1959～1964 (昭和34～39) 年に実験に使ったサンプルは木曽ヒノキであった。それは赤沢の天然林のもので、樹齢190年の良材であった。ちょうど、1952 (昭和27) 年に発行されたヒノキ育林学[1]によると、ヒノキの天然林は、王瀧、瀬戸川をはじめ、傾斜地の広い範囲に分布し、場所によっては、ha当たり650本以上の純林を形成したという。急峻な尾根筋の岩石地にはコウヤマキ、中腹にかけての残積土にはヒノキ、その下の重積土にはサワラが分布し、ネズコ、ヒノキアスナロも広く分布した。

　ヒノキは褐色森林土の中でも、A層の比較的薄いところでも成長する。残積土 (図1-1) は土層が薄く、崩積土に比べて、粗孔隙も少なく、また、養分も少ない。傾斜地では局所的土地極盛相とさえいえるが、浅根性のヒノキには耐えられる。

　過去3回、赤沢の低山を歩いた。私の察知した範囲であるが、最近ではヒノキの径級は小さい。赤沢休養林では、春の開葉のころ、秋の渓流に沿う紅葉のころなど、林のウォーキングを楽しめる。

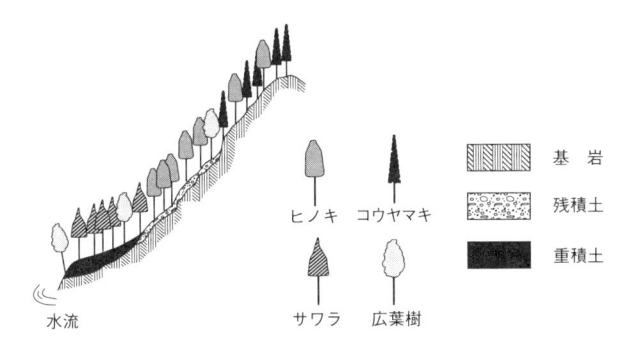

図1-1　木曽森林の模型図 (坂口[1])

表1-1 ヒノキ生葉の香り成分

主要成分の比較

主な上位成分	葉油分析 ①	②
α-テルピニルアセテート	14.49 %	14.99 %
4-テルピネオール	6.65	9.41
ボルニルアセテート	4.85	7.24
リモネン	4.11	6.96
γ-テルピネン	3.66	5.56

① 8年生ヒノキの生葉の水蒸気蒸留による[2]
② 矢田貝光克による[3]

揮発性

香り成分	分子量	蒸気圧 (mmHg, 25℃)	香りの感じ
ボルニルアセテート	196	0.08	さわやか感
リモネン	136	1.40	レモン、オレンジ様
α-テルピネオール	154	0.05	ライラック様
ミルセン	136	1.65	芳香

(注) 分子量136〜196、蒸気圧を有するものから表の成分を選んだ。アセテート系は、上表のように含量が多いので、もう少し強く香りに影響するはずである。上、下表以外に、エレモール（①: 5.79 %）、γ-ムロレン（①: 2.61 %）、δ-カジネン（①: 1.77 %）、α-ピネン（①: 1.65 %）も関与する

表1-1にはヒノキの葉っぱの特徴のある香り成分を示す。

森林浴は、清浄な空気、樹木などの自然と動いている人間の相互作用による効果である。ヒノキ林の香りを感知することは、濃度が低いので、ほとんど無理である。しかし、テルペン類の休息的、あるいは亢進的な生理作用は潜在的に身体に影響を及ぼしていると思われる。

ヒノキ天然林の特徴としては、年月を経ても、林相があまり変わらないことである。私は18年間、ヒノキの大樹のそばを通って研究室に通ったが、同じ姿であった。成長が遅く、樹齢が50年を過ぎると、年輪幅もほぼ一定になっている。

光谷氏（奈良文化財研究所）によると、ヒノキの年輪幅の変動パターンには、生育地が異なっていても類似点が見いだせる[4]。1913〜1984における、長野県（上松）、岐阜県（付知）、三重県（尾鷲）、和歌山県（高野山）に成長していた個体間で、変動パターンに相関性が認められる。それぞれマクロな気候に影響されたらしい。私の木の個体も1958年に上松で採取してもらったので、前記の範囲に入ってい

る。ヒノキの100年以上の樹齢では、年輪幅を支配するものに、早材の量、すなわち、光合成量(仮に、葉量)があげられる。私の個体は採取時の記録がないので、直径のほぼ等しい先の農工大のヒノキのデータを参考値にして次に示す。

　直径(胸高)50 cm、高さ約20 m、樹冠4:1(高さ:底辺)、樹冠材:4/5(樹冠でおおわれた幹部を樹冠材という)。

　ヒノキの樹形は個性の強いスギに比べると、目立たない。スギ、イチョウ、クスノキの巨樹は各地にあるが、ヒノキは少ない。

　ヒノキの特質はどうも材(Wood quality)にあるらしい。

　万葉歌人が大和や吉野の里に住んでいた頃、初期のうっそうとして自生していた高木の原野を檜原とよび、歌にも詠んでいた。粗放な宮殿を建てるのに、あの木を、真木柱にしようと考えたことだろう。真木柱とは後の檜の柱のことである。

　"古事の森"構想がある。2002(平成14)年4月、京都の鞍馬で、ヒノキの苗木がたくさん植えられた。300年後の法隆寺の建替えに必要なヒノキ用材を確保するための植林である。聖徳太子建立のこのお寺は8世紀にはほぼ完成していたが、ふんだんにヒノキ材が用いられた。(今の法隆寺はその後に再建設された)

　仏像にも平安時代にはヒノキの彫刻が多い。11世紀、定朝作といわれる平等院の阿弥陀如来像は木彫の国宝である。用材には、飛鳥時代は楠(樟:クス)、平安時代は檜といわれるが、これに加えて、カツラ、カヤなどが一木彫、寄木造、木心乾漆造の仏像として、今に保存されている。当時の刃物は手製の、斧、鉈(ナタ)、鑿(ノミ)に似たものと想像される。鋸は室町時代になってから登場するので、用材には割裂性のある、後出の図1-3の仕事量曲線では、右上りの少ない加工しやすいタイプである。割ったヒノキの材面はざらつく。もしも棒でこの面をこすると、火がつくかもしれない。古来、伊勢神宮では、ビワのしん棒でヒノキをこすって、火をつけたといわれる。火のきの由来だろうか。

2．人とのかかわり　鉋がけへの挑戦——面と軸の活用

　手鉋の名人大会が催された。柱から削り出した細帯状の薄片(長い見事なかんなくず)の厚さが薄いほど、名人芸といわれる。私が見聞したときは、厚さ5〜8 μm の人達が名人であった。ヒノキ早材の2重細胞壁の厚さは5〜10 μm であるから、1細胞ほどを削っていたことになる。厚さは1/1,000 mm を計測できる

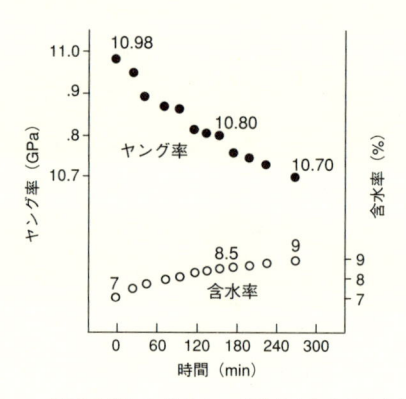

図1-2　湿度の増加に伴うヤング率(E)と含水率(u)の変化
(注) 乾燥試料を中湿雰囲気に暴露 E、u の経時変化。図は E が $u=5\%$ 付近で最大になった後、$u=7\%$ 以上における変化を示す。

ダイヤルゲージによるが、被圧面の最大を数箇所測定しているので、誤差があるかもしれないが、名人でなければできない。木材組織の光学顕微鏡セクションをつくるとき、ミクロトームの刃の切削角、逃角、バイアス角を調節して、切削抵抗を低く、機械研ぎした刃先の鋭い先割れを軟化した試料の表面層に生ぜしめる。手鉋はこれらの調節がもっとラフだから、刃の研ぎに精根が傾けられる。

会場は人も多く、午前も半ばになると人の呼吸と熱気で湿度が上がりだす。参加者の中で、この変化を待っている人がいた。すなわち材の表面が湿度上昇に伴って、吸湿して可塑性になり、削りやすくなるためである。その人の厚さは $8\,\mu m$ であった。

図1-2に湿気により含水率(u)が4時間程度で7→9%に増加することによって、ヤング率が減少していく様子がわかる[5]、u は厚さ2mmのヒノキ材の平均値であるから、表層では、平均は超えているはずである。しかし、回転鉋の仕上げ面の毛羽だちと u との関係を、無欠点率で示すと、$u:6\%$ で83%、$u:12\%$ で73%、$u:20\%$ で53%となっている[6]。一方、湿潤状態で切削されたスライスドベニヤでは、カールの曲率半径が大きい。これらの情報から、$u=10\%$ あたりが切削によい。

削り片の面がきれいであると、被削材の面も相似的によく、$\pm 10\,\mu m$ 程度の起伏になっている。いろいろな材料の表面の滑らかさを一対比較法で順位づけし摩

第1章 ヒノキ

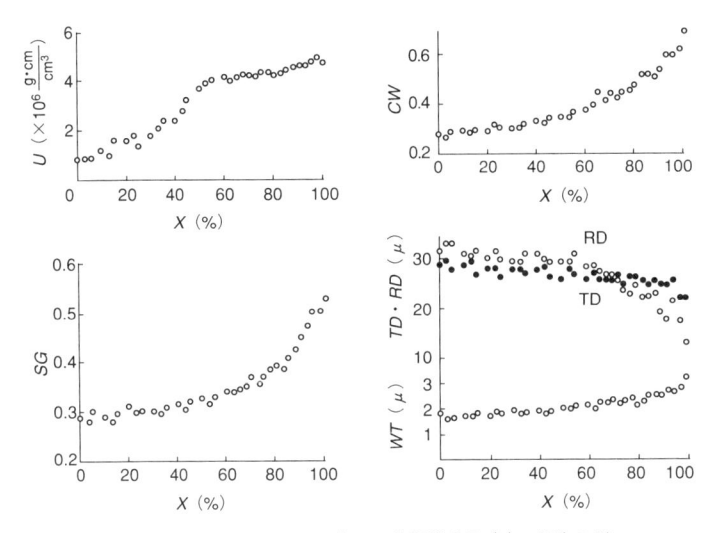

図 1-3 ヒノキ表面の摩耗仕事量（U）、細胞の形
（RD、TD：仮道管の半径、接線方向の長さ、CW：細胞壁率、WT：壁厚さ、SG：気乾比重）（注）$X = 10, 60, 90$（%）におけるUの係数：スギ、1, 3, 9、モミ、1, 3, 7

写真 1-1 ヒノキのスプーン（堀川木工）

擦係数と比較した。摩擦子には、指先をモデル化した。後出の **図 1-7** を見ると、ヒノキの板目は中位にある。カエデ、カバの方が滑らかと判定されている。

　材面の単位体積を研削する仕事量を測定した。ヒノキを **図 1-3** で示す[7]。X

＝60％の仕事量がスギ、モミなどより大きいので、年輪内のバランスがよい。**写真1-1**はヒノキのスプーンである。型どりしたヒノキの素地調整をして、下地処理、サンデングシーラー、＃240から研ぎ、ポリウレタンコート、水研ぎ、からぶき、磨きをかける。このため、ヒノキのやや粗な感じが消え、手ざわりがよく仕上げられている。ここで、ヒノキの使われ方をまとめよう。

ヒノキは箱物、細工物に適性がある。しかし、ピアノやヴァイオリンも製作されたが、失敗に終わっている。やはり、利用は木造建築の分野が主力である。正割材の柱、集成柱、通し柱、管柱に加えて、土台、床板など用途が広い。

ヒノキは小枝が多く、小径の場合、節が目立つ。先立って、節の診断(生節、死節、大きさと生長状態)を知っておく。はりの場合、節の部分の予想しにくい変形が心配されるので、せん断に注意してはりせいの大きな集成化、あるいはベイマツにとり替える。

4面無節ヒノキ(特に、柱)は乾燥や保存に注意が必要である。これに関係して記述を進める。

3．収縮と乾燥
1) 収縮率と収縮応力

脱湿曲線は、見方を変えれば湿度を逐次、減少させたときの室温下の乾燥経過を表す。含まれる水が少なくなるほど、脱着熱が増し、脱湿に時間がかかる。一方、組織は凝集力によって、収縮する。セルロースは結晶した3.5 nm程度の束と、これに結合したグルコマンナン系、アラビノグルクロノキシランが媒介して充填性のリグニンと接続され、成分比は、およそ0.4、0.2、0.05、0.3となり、分子間は水素結合、VDW(ファンデルワールス)の結合に支配される。水分子はそれらの間に数分子層介在することになる。これらの単位が数本集まって、厚みのある帯になり、寸法が不定の間隙も(数 nm)生じている。水の吸脱着によって、帯が膨張したり、収縮したりする。これにはOH……O、CH……Oなどの水素結合の寄与が大きい。

スプルースについて、分布の多い細孔径が3 nmといわれる[8]。このときは、液体チッソが使われている。すなわち、次の式(1)を用いると、

$$\ln P/P_0 = (2\gamma v)/(rRT) \quad \cdots\cdots\cdots\cdots (1)$$

表 1-2 収縮応力 (σ_r, σ_t)

半径方向					接線方向				
ΔU (%)	$\bar{\alpha}_r$ (%)	ε_r (%)	E_r $\times 10^3$ kgf/cm²	σ_r kgf/cm²	ΔU (%)	$\bar{\alpha}_t$ (%)	ε_t (%)	E_t $\times 10^3$ kgf/cm²	σ_t kgf/cm²
18〜23	0.07	0.25	7	17.5	18〜23	0.15	0.45	4	18
13〜17	0.1	0.1	8	8	13〜17	0.19	0.25	5	12.5
8〜12	0.1	0.1	9	9	8〜12	0.21	0.15	6	9
(注1参照)				34					39

ここに、P、P_0：限界、飽和蒸気圧、γ：表面張力、10.53 dyn/cm、v：分子容、33.1 cm³/mol、r：細孔径、R：気体定数、8.315×10^7 erg/deg、T：絶対温度、70 K、たとえば、$P_0/P = 1.45$ のとき、$r = 3.2$ nm である。

収縮応力の発達過程をヤング率と含水率を用いて追跡した。**表 1-2** はそれから求めた収縮応力を示す。導出には(注1)を参照。

【注1】 容積 V_1 の木材が脱湿によって ΔV の収縮を生じ、ΔW の水分を失う。半径および、接線方向の収縮率を α_r、α_t、含水率の変化を $\Delta U = U_1 - U_2$、全乾質量を W_0 とすると、

$$\Delta V / V_1 ≒ \alpha_r + \alpha_t \cdots\cdots 1)$$
$$\Delta W / V_1 = W_0 / V_1 (U_1 - U_2) = \Delta U \cdot d \cdots\cdots 2)$$

と書ける。ここで、d は容積密度数である。
23%〜8% の含水率の範囲で 5% ごと、平均収縮率 $\bar{\alpha}_r$、$\bar{\alpha}_t$ を求め **表 1-2** に示す。
一方、$\Delta U \cdot d = 0.05 \times 0.36 = 0.018$ とおき、これを半径及び、接線方向に配分して、それぞれを 0.006、0.012 と仮定する。
脱湿過程の収縮ひずみ ε は

　　半径方向 $\varepsilon_r = 0.006 - 5\bar{\alpha}_r$
　　接線方向 $\varepsilon_t = 0.012 - 5\bar{\alpha}_t$

で求める。各含水率域における半径、接線方向のヤング率 $E_r \cdot E_t$ をそれぞれ ε_r、ε_t にかけて収縮応力を算出する。

ヒノキ木口面の年輪の傾斜の異なる小試験片 5×30(R・T mm)、5(L mm) を 95%RH に調湿し、ロードセルの端子に 5×5 面を瞬間接着し、スパンを 30 mm に設定した。この装置の荷重レコードを 0 にあわせ、すばやく 45%RH 室に移し、25℃、水分の蒸発に伴う引張荷重の逐次増加を調べた[9]。含水率は最初は

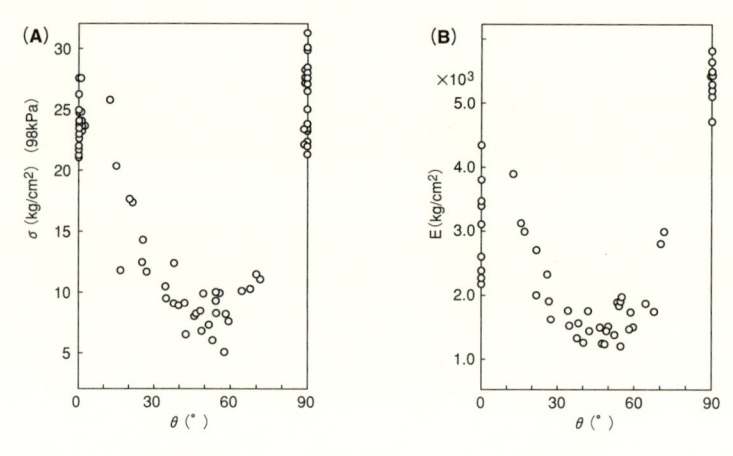

図1-4 (A)年輪傾斜角(θ)に対する収縮応力(σ)、(B)年輪傾斜角(θ)とヤング率(E)

28％であったが、記録開始では26％程度に下がり、荷重が平衡するころでは5〜6％まで低下した。**図1-4**(A、B)は年輪傾斜角に対する収縮応力とヤング率である。50°付近を底とする2次曲線で示せるが、接線：23 kgf/cm^2、半径：23〜26 kgf/cm^{2}である。これと表1-2の収縮応力（34 kgf/cm^2）と比べると、計算値の方が大きい。実測値が小さいのは、ロードセルの定格ひずみ、試料の緩和などのためだろう。一方、計算には、各応力の和、すなわち線形とした。生成において収縮性のセルロース、ヘミセルロース、リグニンとnmオーダーの結晶、MF、さらにML、P、S$_1$、S$_2$、S$_3$など（参考書参照）の複雑系であるので、脱水して拘束しあうプロセスを線形とだけ扱うことも躊躇する。抽出成分（注2）の付着が収縮に関係する。

温水、アルベン抽出したときの平均収縮率は、R方向：0.10〜0.12、T方向：0.20〜0.22、これはコントロール（対照）に対して、33％、22％増である。ヤング率はスギの場合から推定すると、その有無によって数％増減する（「スギの抽出成分とヤング率」を参照）。前記の（注1）を用い試算すると無視できぬ力になる。抽出物は細胞内腔面を塗料のようにコートしているため、乾燥によって流れだす。

細胞擘のピットはほとんど閉塞されており、溶質が滞留し、浸透に難渋する。心材化に伴って生成したポリフェノール、レジンが内腔やマルゴに堆積、被覆しているので、水分移動のバリアになっている。たとえば、

抽出溶媒	熱水	アルベン	メタノール
ヒノキ（*Ch. obtusa*）	4.2	5.1	4.75
サワラ（*Ch. pisifera*）	7.4	9.4	3.30　（各％）

内腔に露出している面積を $0.25\,m^2/g$、ヒノキのアルベンの場合、$0.05\,g/g$ であるので、単純には、$0.02\,mg/cm^2$ とみなせる。一般の接着剤の塗布量が $1\,mg/cm^2$ とすると、2％のポリフェノールで裏打ちされることになる(注2)。

【注2】 温水(熱水)抽出するとデンプンや遊離の糖が溶け出す。有機溶剤に溶けるものに、抗菌、抗蟻性のものがある。ヒノキ材には、α-カジノール、γ-カジネンが多い。双環性のカメシノンはサワラにも含まれ、抗蟻性を示すが、ヒノキに比べて耐久性は劣る。テルペノイドは、

$$+C_5 \rightarrow C_{15}\,セスキテルペン \quad \times 2 \rightarrow C_{30}\,トリテルペン$$
$$モノテルペン\,C_{10} \qquad\qquad\qquad +C_5 \rightarrow C_{25}\,セスターテルペン$$
$$+C_{10} \rightarrow C_{20}\,ジテルペン$$
$$\times 2 \rightarrow C_{40}\,カロチノイド$$

ここで、$+C$、$\times 2$ は整理上のものにすぎない。C_{10}、C_{15} は揮発性、C_{20}、C_{30} はおおむね樹脂状で、ヒノキオール、ヒノキオンは3環性のジテルペンである。ヒノキ科には、β-ツヤプリシン(ヒノキチオール)を含むタイワンヒノキ、青森ヒバがあり、これらは抗菌活性、耐久性にとむ。シキミ酸経路から生合成されるリグナンには、C_6-C_3 が2量化したヒノキニンがある。これとノルリグナンのヒノキレジノールは内腔面やピット孔隙に沈着している。生理活性はないが、水蒸気クラスターの拡散に抵抗を示す(中野準三：木材化学、ユニ出版、抽出成分研究会：樹木の顔、海青社など参照)。

2）乾燥と反り

乾燥による木材からの水分の気化の基礎に、1)で記述した細胞壁の動きがある。私はこの立場からヤング率の低下と水分の拡散を説明しようとした。ここでは乾燥曲線を述べる。

a）拡散式による含水率分布

横田・後藤によれば[10]ヒノキの $5\times 50\,LR\,mm$ から $20\,mm$ のT方向の拡散は、初期含水率が24％のとき、半減時間 $t_h(M/M^\infty=0.5$、M、M^∞：脱湿量、平衡脱湿量)は2.9日、これから拡散係数 D は、拡散距離 $L=1\,cm$、$t_h=2.5\times 10^5\,sec$ とすると、

表1-3 乾燥材による含水率の分布

τ	x/L						経過日数
	0	0.2	0.4	0.6	0.8	1.0	
0.15	21.7	20.7	18.0	13.9	9.0	3.9	2.1
0.20	19.5	18.7	16.4	12.8	8.5	3.9	2.9
0.30	16.0	15.4	13.7	11.0	7.6	3.9	4.3

試験体:r_0:0.35、TL、TRの4面を断湿処理、T方向2 cmの拡散、このとき、半減時間(M/M∞＝0.5、M、M∞:脱湿量、平衡脱湿量)は2.9日、雰囲気の温度、湿度が40℃、高湿(初期含水率:24％)→20％RH(平衡値は4％弱)

$$D = 0.049/(t_h/4L^2) \quad \cdots\cdots (3)$$

より、$D = 0.8 \times 10^{-6}$ cm²/sが得られている。この値を用いて2.9日における含水率分布を推定してみる。その際次の式が便利である

$$\frac{C(x,t) - C_f}{C_0 - C_f} = \frac{4}{\pi} \sum_{n=0}^{\infty} \frac{1}{(2n+1)} \cos\frac{(2n+1)\pi}{2} \xi \exp\frac{-(2n+1)^2\pi^2\tau}{4}$$

$$\tau = D_t/L^2 \qquad \xi = x/L \quad \cdots\cdots (4)$$

ここに、C、C_0、C_fは任意、初期、平衡濃度(g/cc)、Cは時間tと位置:x/Lの関数である(Lは拡散式を参考)。**表1-3**のように4日経って、平均含水率が11.2％であるが、表面に比べて内部は4倍である。

b) 3方向の拡散係数

半径方向(R方向)、繊維方向(L方向)についても

R方向:$m_i = 22％$からの脱湿、$D_{av} = 0.8 \times 10^{-6}$ cm²/sec

L方向:$m_i = 21％$からの脱湿、$D_{av} = 22.6 \times 10^{-6}$ cm²/sec

(m_i:初期含水率、D_{av}:平均拡散係数)

が得られている。T方向とR方向に対して、L方向の値は28倍である。ヒノキ早材の多数の測定から、T方向の仮道管径を28μm、R壁の2重厚さを4μmとすれば、単位長さ(1 cm)あたりの壁厚さは1.43 mmとなる。仮道管はL方向にも、上下の仮道管が長さ20％程度で接続し、比較的多く壁孔対を形成している。仮道管長を4 mmとして、接続長を4×0.2=0.8 mmとする。2重壁厚さ4μmを用いて、L方向のこの部分の壁厚さを0.05 mmとおく。2重壁の透湿率をηとすれば、透湿抵抗は

L 方向：$0.05/\eta$ ＜ T 方向：$1.43/\eta$

となって L 方向の拡散が大きいことを表す。T/L=28.6 が得られ、前記の D_{av} の倍率と符号する。この計算モデルを帰納的にした。複雑にすると仮定が入り、架空の話になるからである。また、R 方向の仮道管径は 30 μm になるが、ピットの分布(仮道管断面の亀の甲状配列)と放射組織の影響を考慮せねばならない。R 方向では 4/30=0.133 である。すなわち、1.33 mm/cm となる。早材の接線壁には壁孔対がないから、正味の 2 重壁を透湿する割合が T 方向より大きい。晩材の接線壁は閉塞しているとは言え、壁孔対がある。閉塞の不完全なものは水蒸気をリークさせるし、放射組織からの直接の透湿がある。板目、まさ目の細胞壁(壁孔のない)では 10^{-7} 以下の拡散、大切なのは、木口面の内腔の影響の大きい 10^{-5} の拡散である。

c) 繊維方向と自由水

内腔に自由水が充たされるとき、気相と水相の界面がつくるメニスカスには Young・Laplace の式が成り立つ。

$$P_1 - P_2 = 2\gamma/r \quad \cdots\cdots\cdots\cdots (5)$$

ここに、P_1、P_2 は気相と水相の圧力、γ：水の表面張力、r：メニスカスの曲率半径。右辺に界面の接触角 $\cos\theta$ をかけ、$2/r$ の替わりに、2 軸の主曲率半径 r_1、r_2 を用い、$2/r = (1/r_1 + 1/r_2)$ として一般化できる。

メニスカスと内腔面の水膜より水分が蒸発し、水相は次第に内部に移動する。$P_1 > P_2$ が成立しているが、内腔より壁孔、マルゴの小孔 0.1 μm 以下の細隙へうつると、r が小さく、このため圧力差が大きくなる。これはマルゴ周辺を凝集させ、いわゆる aspirated pit に似る。生木の乾燥中に起こる。ヒノキ木口面が難吸水性(一つの長所、耐久性につながる)の原因になっている。

d) 乾燥の実際

ヒノキの製材したものは 40％ 程度の含水率である。これから 10 cm 角、長さ 300 cm の心持ち柱をとる(通常は 10.5〜11 cm 角にとるが、計算の便利のため)。ヒノキ正割材の乾燥スケジュールは、IF 装置では下記のようにとりあげた。

乾球温度と相対温度を与えて、平均含水率が疑似平衡になるようにした。予備的に、乾燥時間に対して乾球温度(絶対温度)の逆数から、水分の脱着熱を推定すると、910 cal/g になる。水の蒸発潜熱は、50 ℃ にて 569 cal/g であるから、温

表 1-4 ヒノキ柱材の乾燥

日　　　数	0	2	4	6	8	10	12
乾球温度（℃）	43	47	51	56	58	62	64
温度差（℃）	1.9	1.5	2.5	3.9	5.0	7.0	12.0
関係湿度（％）	95	93	87	85	75	69	53
含水率（％）	35	32	28	26	23	19	14

（各種文献より）

表 1-5 木口面に表した年輪傾斜角、収縮率、反り、収縮応力

傾斜角 θ（°）			収縮率 α（％）		
06〜12	24〜36	34〜50	3.5〜3.7	3.0〜3.4	2.6〜2.8
15〜22	40〜55	57〜68	3.2〜2.7	2.5〜3.0	2.3〜2.6
14〜50	62〜82	76〜85	2.2〜3.4	2.1〜2.3	2.0〜2.1

収縮応力 σ（kgf/cm²）			反りの矢高 d（mm）		
16〜20	11〜13	08〜09	0.1〜1.6	0.2〜0.5	0.0〜0.4
10〜18	08〜09	10〜14	1.1〜1.3	0.3〜0.6	0.1〜0.4
12〜23	14〜23	16〜24	0.2〜0.8	0.7〜1.4	0.5〜1.0

5×5×30（スパン）mm　　　　10×10×60（スパン）mm

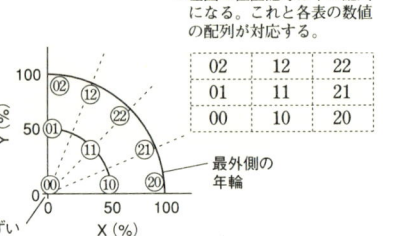

*左図の位置記号は下の配列になる。これと各表の数値の配列が対応する。

02	12	22
01	11	21
00	10	20

木口面（1/4面）の位置（％）の表示記号

例）脱湿（乾燥）による反り

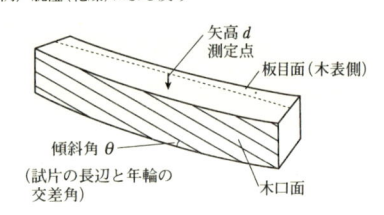

試料：江川産、一番玉、円板齢99年、直径34cm、気乾比重0.42、年輪幅1.7mm（10年以内2〜4mm）
測定：20℃、98％→45％RH

表 1-6 部位別の傾向

	大				中		小		
θ	20	10			11	21 22	02	01	12
α	02	01	12		11	22	20	10	21
σ	20	10	02	01 00	12	21	11	22	
d	02	01	20	10 00			22	11 21	12

表 1-5 の位置記号を参照

度、時間の選択に過誤はないとおもわれる。

　この材の1/5縮尺の小サンプル$2×2(R・T)×60(L)$cmを加湿して、含水率を32％まで高め、46〜50℃の定温器で低湿度乾燥した。7.2 hrで14.6％まで低下した。ここで、拡散係数の次元を利用する。cm^2/sを小サンプル、および柱について、L_1^2/s_1、L_2^2/s_2とおき、両者が相等しいとおくと、

　　$s_2 = s_1(L_2^2/L_1^2)$　　　$12200/488 = 25$

ここで、右辺の( )を柱と小サンプルの面積比とおけば、上記のように25が得られ、$s_2 = 7.2 × 25 = 180$ h $= 7.5$ d と算出できる（表1-4 参照）。この測定は試みにとどまるが、定温器の湿度がなりゆきで、乾燥の原因が、脱湿現象について、温度効果、あるいは水蒸気圧の駆動効果のいずれが優先するのか曖昧である。

e) 反りの分布

　ひき材の人工乾燥では、板の採取位置によって異なる反りの大きさになる。**表1-5**には木口面における反りとその他の因子の分布を示す。**表1-6**に反りの大小の判定結果をまとめた。反りの実測は田中俊成氏による。

f) 干割れ

　含水率が8％くらいになると、クロマツ、アカマツ、ツガなどは、板目と木口の縁で、ひびが出やすいが、ヒノキ、カヤはまず大丈夫である。ひび割れは組織の緊張を緩和するので、後者の方が内部にエネルギーがたまっている。緊張(歪み)は縁にある放射組織と軸方向の仮道管、隣りあう仮道管の接合部(I+P)、内腔縁などにつよく働くが、ポアソン比(下記)にみられるように、

　$\eta_{LT} = 0.4 - 0.55$、$\eta_{LR} = 0.35 - 0.4$、$\eta_{TR} = 0.25 - 0.35$、$\eta_{RT} = 0.45 - 0.55$のような分布があり、ひずみも3次元的で異なって分散する。

　大きな残留応力がないかぎり、材面の割れはなく、合成高分子(注3)の助けによって、ひび、干割れはリセット状態にできる。

【注3】

(A) TDI－TMPの75％酢酸エチル溶液

$CH_3CH_2-\underset{R}{\overset{R}{C}}-R$, $R = -CH_2OCONH-\underset{NCO}{\underset{|}{\bigcirc}}-CH_3$　　トルエンジイソシアネート(TD1)　　MW = 656

(B) エチレンアジペートの60％の酢酸エチル溶液
  H−〔O(CH$_2$)$_2$OOC(CH$_2$)$_4$CO〕$_n$−O(CH$_2$)$_2$OH $n=11.3$

(A)、(B)の適量を混合・加熱して反応させ、ウレタン結合(—NHCOO—)を生じさせた。アジピン酸のかわりに、マレイン酸のエステルとTDI−TMPとの反応物も10％配合すると強さが向上する。(A)、(B)の樹脂液をヒノキ材に注入したり、木口を被覆して用いる。(鈴木・根本：材料、42、843(1993)参照)

4．ヒノキの表面性

1) ヒノキの材色

ヒノキ、スギの辺材から板目板をとり、L*a*b*表色を調べた。図1-5に示すように、a*＝0〜15、b*＝20〜35に位置している。さて、同図に筆者の指、ほおのa*、b*ものせてみた。

オフィスの明るい壁を背景にすると、顔の皮膚のしみ、あるいは老化が目立つが、木質の多い和室では、それらが不明瞭になる、むしろ顔色がつややかに見えたりする。和室の背景は洋室に比較して色が豊富であるが、それらが日本人の肌色と調和するのであろうか。

ヒノキ材油はα−カジノール、γ−カジネン、δ−カジネンが主体である。これに混ざって、β−ピネン、α−テルピネオール、ボルニルアセテート、ゲラニルアセテートなどの揮発成分も産生する。

材色には、ヒノキレジノールのような体質系が関係する。その色調は別記の抽出物に依拠するが、木粉のアシドリシス、色素の抽出によっても確かめられる。すなわち、フェニルプロパノイド系のカルコン由来の化合物も含まれるらしい。

2) ヒノキの触感

ヒノキ材と住宅仕上げ材料を手ざわりによる指からの熱流出量との関係で、図1-6(A)に「暖かさ」との関係、図1-6(B)に比熱との関係で表した。縦軸は官能試験、図1-6の比熱の単位は、CGSでは(cal/g℃)×(g/cm^3)である。仮に、定積比熱として、材料の表面の単位体積と考えていただきたい。これから、ヒノキ材は温もりのある材料といえる。ヒノキ床は暖房に向いている。

図1-7には手ざわり（なめらかさ）を各材料間で比較した。ヒノキ表面は中位から少し滑り易い側にある。（手すり、歩きやすい床）

第1章 ヒノキ

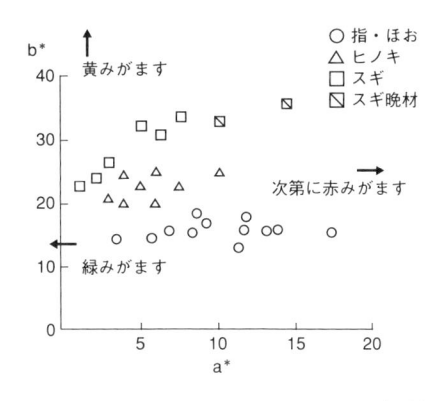

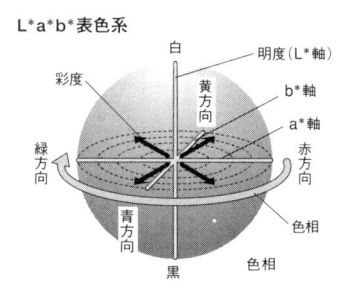

図1-5 ヒノキ、スギ辺材と人の指、ほおのa*、b*

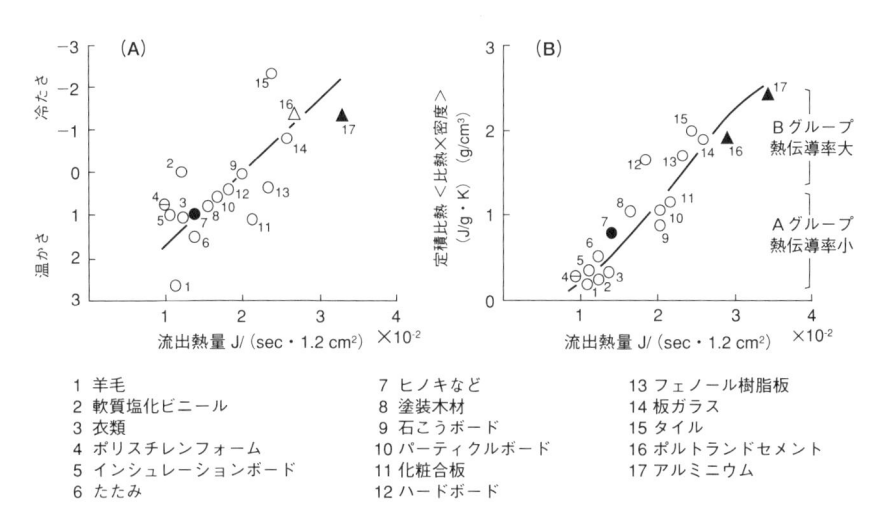

図1-6 手指からの流出熱量と各材料の温かさ―冷たさ、比熱×密度

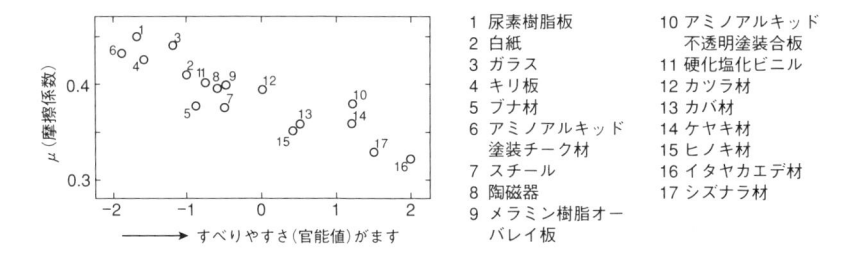

1 羊毛
2 軟質塩化ビニール
3 衣類
4 ポリスチレンフォーム
5 インシュレーションボード
6 たたみ
7 ヒノキなど
8 塗装木材
9 石こうボード
10 パーティクルボード
11 化粧合板
12 ハードボード
13 フェノール樹脂板
14 板ガラス
15 タイル
16 ポルトランドセメント
17 アルミニウム

図1-7 平滑な材料面の一対比較法によるすべりの官能値と手指のモデルの摩擦子の関係

1 尿素樹脂板
2 白紙
3 ガラス
4 キリ板
5 ブナ材
6 アミノアルキッド塗装チーク材
7 スチール
8 陶磁器
9 メラミン樹脂オーバレイ板
10 アミノアルキッド不透明塗装合板
11 硬化塩化ビニル
12 カツラ材
13 カバ材
14 ケヤキ材
15 ヒノキ材
16 イタヤカエデ材
17 シズナラ材

表1-7 温度低下の際の湿度調節

No.	L(cm)	$T_1 \to T_2$(℃)	$H_1 \to H_2$(%)	H_0(%)	HCE(%)	$u_1 \to u_2$(%)	ΔH%(抑制)
①	2.5	20.5 11.0	48 58	88	75	12.0 12.7	30
②	2.5	20.5 10.5	72 81	100	68	12.1 13.2	19
③	20	21.0 11.0	51 50	97	100	12.0 12.1	47
④	20	20.5 11.0	76 71	100	100	11.9 12.2	29

(注) ガラス円筒(内径14 cm)とヒノキの円筒 (内径10 cm) を同心円に配置した。円筒の高さは、ガラス：30 cm、ヒノキ：上表のL、HCE $= (H_0 - H_2)$ 100/$(H_0 - H_1)$、$\Delta H = H_0 - H_2$

5. 調湿性

1) 寒冷に対する調湿効果

コンクリート建築の中に、総ヒノキの能舞台を、博物館のガラスケースのなかのヒノキの立像を保存するのに、両者とも空調が必要かを問われた。その時、次の実験結果を参考に供した。

円筒形の中空ガラスの容器の中に、厚さ0.73 mmのヒノキを円筒状に巻いて、天秤につるして、懸垂した。このガラス容器を密閉して、恒温槽に設置した。容器には、温湿度センサー、撹拌器が作動している。

実験の手順と結果を**表1-7**に示した。

温度をT_1よりT_2へ低下させると、湿度はH_1であったのが、ヒノキの有無によってH_2、H_0に変化した。吸湿により含水率の増加(u_2-u_1)が測定され、湿度上昇の抑制ΔH、調湿効果HCE(調湿係数、**表1-7**の注)が計算できる。

暖房を止めた夜間の冷却は、能楽堂や博物館で起こる現象である。**表1-7**から、ヒノキが湿度の上昇を抑え、湿度の恒常性を示したので、先の懸念は基本的にさけられる。コンクリートの粗放な仕上げに独特の発想を組入れる安藤忠雄氏の建築でも、たとえば、光の教会では木製の椅子が射し込む一条の光に整列していた。室内空間の容積V、ヒノキ材の表面積Sによって、いくつか求められたS/V(1/cm)とHCEの関係をきめておく。S/Vはたとえば、**表1-7**の場合、①：0.034、③：0.274となる。

冷房時に吹き出す湿気を含んだ冷気が、取り付け金具などにあたり、ドレインとなって滴下したり、冷気が壁にあたって流れる。

2) 増加する湿度に対する調節

第1章 ヒノキ

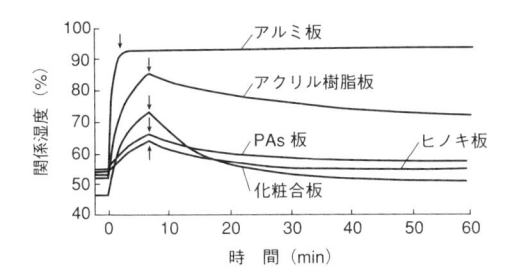

図 1-8 一定時間(矢印まで)飽湿空気の送入と送入停止後、各種材料による箱内の湿度変化

表 1-8 多湿空気に対する内装の調湿量

内　装	①初期温度 (%)	湿　度 ②送入後 7 min	③送入停止 60 min	抑制 HCE $1-\dfrac{②-①}{②a-①a}$	緩和 HCE $\dfrac{②-③}{②-①}$
ヒノキ(柾目)	54	63	54	0.77	1.0
パーライト板(Asも含む)	53	66～69	57	0.60～0.67	0.69
アクリル板	52	84	72	0.18	0.37
アルミ板：a	53	92	92	0	0

(注) ①a、②a：アルミニウムの①、②

　内装に多湿空気があたる実験法と結果が **図 1-8**、**表 1-8** である。
　アルミニウム製の箱(内部寸法、40×40×7(高さ)cm)の6つの内壁面を、厚さ5 mmの木材またはプラスチック、アスベスト(As)などで貼り、密閉して内部に通ずる管より飽湿空気を一定時間送入する。図は、飽湿空気をいれた3.2 ℓ の容器より空気ポンプ(送量20 ℓ/min)で、飽湿空気を矢印の時間まで送り、ポンプを停止させる。内壁がアルミニウムの場合、約2分で湿度は92％に達し、停止後もほとんど変化しない。他の材料では、7分後における湿度増加量の順位は、アクリル樹脂＞化粧合板＞ヒノキ、パーライトアスベストの順に小さくなる。ヒノキ、パーライトアスベスト(PAs、Asは使用禁止)では、送入過程でも、吸湿によって湿度増加を少なくしているとみられ、送入停止後も次第に減少してスタート前の湿度に近づく。化粧合板では、ツキ板表面にラッカー塗装したため、湿度増加はヒノキより大きくなる。
　コンクリート壁はポルトランダイト、CSHを主成分にゲル化している。ゲルの細隙は毛管になり、Ca系、Si系の化合物も水を配位するので、吸湿性がある。**表**

表 1-9 比吸湿率

	KCl		NaBr		MgCl$_2$	
ヒノキ	0.14	1.15	1.93	0.84	2.89	0.68
セメント	0.91	1.05	2.20	0.33	2.50	0.15
定性濾紙	0.83	1.14	1.86	0.37	2.09	0.18

KCl：塩化カリウム、NaBr：臭化ナトリウム、MgCl$_2$：塩化マグネシウム

試料(s)、無機塩(c)の吸湿量、質量をs_1、s_2、c_1、c_2とすれば、
$ws = s_1/(s_1+c_1)$、$wc = c_1/(s_1+c_1)$
$ms = s_2/(s_2+c_2)$、$mc = c_2/(s_2+c_2)$
比吸湿率は
$s = ws/ms$、$c = wc/mc$

(注) 表の計算値左側：無機塩、同右側：供試料。小シャーレに粉状試料と無機塩を薄く敷き、それぞれを底に蒸留水をいれた坪量びんに密封し、所定の時間(6h、1d、2d)で吸湿量を求めた。

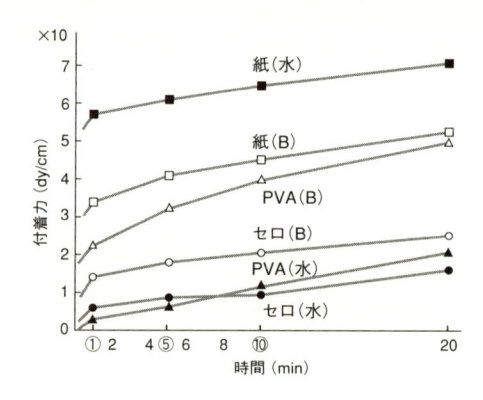

図 1-9 グルクロノキシランと水の付着張力
(注) フィルム試料：LBKP紙、PVA、セロハン

1-8のパーライト板でも、アクリル板より高い抑制のHCE(時間によって変わる非平衡状態である)を示す。したがって、能楽堂や博物館ではドレインのようなもの以外では耐湿レベルをクリアできる。

3) ヒノキ、セメントの活性と比吸湿率

表1-9はヒノキに対して、紙、セメントらとイオン性のMg、Na、Kとの比吸湿率を表す。イオンの水分活性をベースに他を比べることになる。たとえば、Mg^{2+}はO(OH)$^-$をまわりに高い密度で配位する。K^+になると、上記の3物質

表1-10 放湿性の比較（u_1, u_2 は本文参照）

	u_1(%)	u_2(%)	備　考
セルロース	6.1	8.7	ペクチン、油分、蛋白質除去、1号濾紙
ヒノキ	10.5	10.2	ヒステレシスがなかった
セメント	1～3	2～6	水和反応・養生後
セラミック	3.6	3.5	ウッドセラミック

と活性点を競合できる。活性点は、ヒノキでは80%より少し低く、セメント（ゲル化、養生ずみ）は80～90%になっている。濾紙セルロースと両者の差もみとめられる。ヒノキ成分の活性点を定性的に併記すると、下のようである。

・セルロース　表面、末端部分、間隙などの－OH
・リグニン　フェノール性のOH　C—C—Cの弱い活性
・ヘミセルロース　複合体のアクセシブルな－OH、酸基
・糖低分子化物　分解物　－OH、CO、COOH　加水分解性部分
・抽出物　－OH、酸分、弱水溶性部分

活性点の研究は多い。ここでは私達のヘミセルロースの実験例[11]をあげる。カバ材から抽出したグルクロノキシランを、酢酸中和、エーテル、熱水中に懸濁液し、3種の試料の付着張力を測定した。図1-9のように、PVAとヘミとの関係は、相互に遊離のOH基がbondingするらしく、水だけの付着張力よりはるかに大きい。LBKPでは、水の付着浸透の方が大きく、ヘミはみかけ上、抑制的である。セロハン（標準タイプ）はPVAに類似している。

NaBrは水溶液では20℃で47.6gまで溶かしうる。ところが、セメント、ヒノキは粉体でも懸濁にとどまる。仮に、u_1(65%の湿度下)、水懸濁、u_2(65%下)と経ると、u_1, u_2は表1-10になる。

4）まとめとヒノキの耐湿性

さて、これまでの表をまとめると、コンクリートは構成する元素化合物から吸湿性がつよく、ヒノキは吸湿と放湿の両性質をもつ。ヒノキでは、第1層の吸着がVm=4.2(wt)%(30%RH前後)、FSP（繊維飽和点）＝27%であり差は23%であるので、含有水分を放湿に使える。たとえば、表1-7の③、④のL長であれば、同装置の実験から21℃、70%RHから、昇温して30℃にすれば、41%RHに下がることなく、調湿によって、ほとんど70%RHにもどる。さらに21℃、45%

RH から 30 ℃に上げると、28％RH にならず、40％RH 程度にもどる。①、②の L 長になると調湿効果が低下する。

　セメント系は前記のごとくイオン性の組成であるから、冬季の室内の湿度を下げ、放湿がにぶい。

　また、繰返し暖房している室内湿度は 20％に近く低下したままのことがある。したがって加湿が必要となる。夜間に氷点下になると、湿度の測定が難しくなる。乾湿球の温度 (t、t_w) に対する飽和水蒸気圧を、(e_s、e_{ws}) とすれば、

　　水蒸気圧　　$e = e_{ws} - 0.443(t - t_w)$、ただし、$t_w < 0℃$

より、相対湿度 $h = (e/e_s)100$ を求める。t_w を測定しにくいので、h の誤差が大きく、筆者の経験では、毛髪湿度計がタフであり、低湿度の測定には露点湿度計の方が精度があがる。

　ヒノキの小サンプルを 80 ℃、6 hr 乾燥して吸湿させると、20％RH で $Vm = 4$％、65％RH で 6〜7％にとどまり、この湿度でヒステレシス量に 2％程度の差がある。脱湿と吸湿の両曲線の差が大きいのは、水分を失うとき、分子レベルの凝集性、加熱による糖やヘミセルロース由来の低分子化物、などに原因が求められる。

　湿度が、45〜75％の中湿度域では、吸湿しにくく、乾きにくい(建築材としての適性)。それでも、温度 10〜30 ℃ では調湿性が期待できる。これがヒノキの耐久性の一因らしい。

6．サニーベランダの試作

1）序

　わが国の伝統的な木造建築は手仕事による和風継手に見られるように丹精な技術が駆使されてきた。継承された技術は現在、精度の高い機械加工にとり込まれ、木造住宅に生かされている。現在の木造というと、大壁造、枠組壁構法など無国籍住宅とさえいえる和洋折衷型への進展が著しい。地方を旅行し、地域の街並み、田園の中の民家を眺めると、都市の高層マンションの圧迫感が感ぜられる。木造住宅の良さは伝統性に人間性が加味された品位にあるといえよう。

　ヒノキ材の建築物は立派なものが多いが、ここでは、日曜大工的に図 1-10 に示す小構造物について述べる。

第1章 ヒノキ　　　　　　　　27

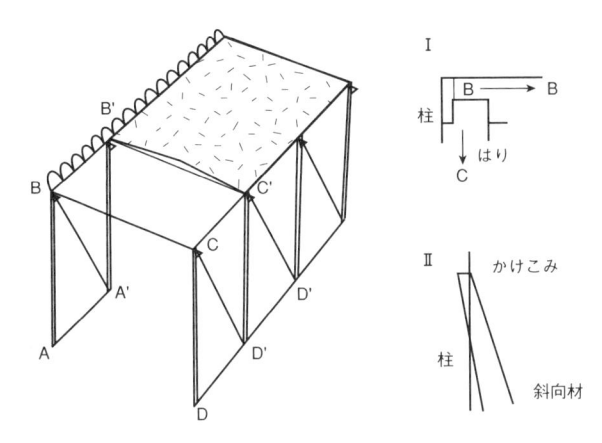

図 1-10　サニーベランダ

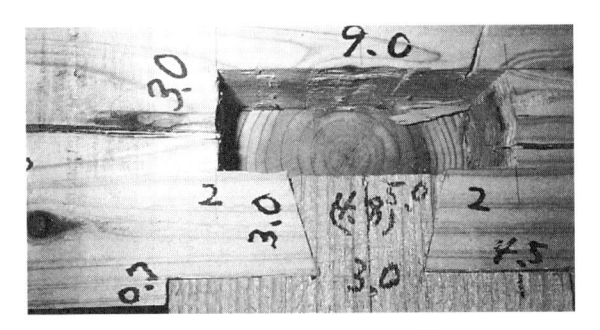

写真 1-2　B'（C'）における木組み
（注）中央の木口面は「はり」の横断面。柱の上面（5 cmの辺）が支えている。
　　　はりの1辺（3 cm）を少し厚くすることもできる。

2）構造

　住居の西日を浴びる側は使いにくい。そこで仮設で取り外し自由な、南西部からの日当たりのよい収納を兼ねたベランダを考えた。2Fからこのベランダに出られ、台下はガーデニング用具などの収納として使え、しかも住宅の1Fの日射を遮ることができる。
　前面は、弱い半剛節点の単ラーメン（Rahmenの節点は本来、rigidである）とした。奥行きは筋交いのようであるが、疑似平行弦トラスのつもりで、斜向の装飾性を生かそうとした。ヒノキ材は小径（間伐）材で、$12\times12\,\mathrm{cm}^2$の断面にし、一面には皮を残すものもある。表（おもて）のひわだが痛んでいるとき、絹皮あたりま

で剥いてもよい。

a) 力学面の検討[12, 13)]

AB＝DC＝2 m、BC＝2 m、AA′＝1 m(各スパン)、(防水床組＋積載荷重)＝200 kg/m²(後者にはプランタン、鉢、大人)。

① 等分布荷重：200 kg/m²×1 m＝200 kg/m

② A、Dにおける垂直反力＝200 kg/m×2 m/2＝200 kg

③ 断面係数 s、幅 b、はりせい h とすると、$s = bh^2/6 = 12\,{\rm cm} \times 12^2\,{\rm cm}^2/6 = 288\,{\rm cm}^3$、(注)12 cm の h をとるため、6 cm 厚の柱を2本重ねても、$h=6$ cm の断面係数×2の効果しかない。

④ 最大曲げモーメント　$M_a : Pl/8 = 400\,{\rm kg} \times 2\,{\rm m}/8 = 100\,{\rm kgm}$。

⑤ 最大曲げ応力度　$\sigma_a : M_a/s = 100\,{\rm kgm}/288\,{\rm cm}^3 = 34.7\,{\rm kg/cm}^2$。この値は許容曲げ応力度 90 kg/cm² より小さいので、安全といえる。

⑥ 最大せん断力　$\tau : P/2 = 400\,{\rm kg}/2 = 200\,{\rm kg}$

⑦ 最大せん断応力度　$\tau_a : (3/2)\tau/bh = 1.5 \times 200\,{\rm kg}/12 \times 12\,{\rm cm}^2 = 2.1\,{\rm kg/cm}^2$。この値は許容せん断応力度 7 kg/cm² より小さいので、安全といえる。

⑧ はりのたわみ　$\delta : (5/384) Pl^3/EI = 0.013 \times 400\,{\rm kg} \times 200^3\,{\rm cm}^3/8 \times 10^4\,{\rm kg/cm}^2 \times 1728\,{\rm cm}^4 = 0.30\,{\rm cm}$。ここに、$E$：ヤング率、$I$：断面2次モーメント＝$bh^3/12 = 12\,{\rm cm} \times 1728\,{\rm cm}^3/12 = 1728\,{\rm cm}^4$。たわみの許容限度は、スパン/300＝0.66 cm を目標にした。

一方、桁方向の床組のたわみも、床を購入したら、あたっておく。人工芝のプラスチック製のものなど種類がある。床によっては根太も必要である。

床は側面に傾斜をつけ、雨水はフェンスの下のといに導く。

b) その他

3 m ある奥行き方向は変形しやすいので、筋交いを入れる。接続には金物、レゾルシノールなどの接着剤を用いる。

柱の AB と A′B′ を丈夫に結合したいならば、B から下に、A′ より上に約 10 cm のところに欠けこみを入れ、図1-10 II のように 12×6 cm² 断面の斜向材をはめ込み、接着剤で固定する。その際、欠けこみ深さを 3 cm 程度にすると、柱にかかる垂直荷重が分配される。接触面(12×6 cm²)のめり込みと柱の繊維方向のせん断に注意を要する。干割れを防ぐため、外装水性ペイントを塗るのもよい。

サニーベランダは日当たりのよい台である。プランタンの花は2階から眺められ、手入れもできる。地上からは踏台に乗り、手を差し出すことができる。台下は用具類、日陰植物、ときには小型車の雨よけにも用いられ、便利なものである。台上の物によって積載荷重 150 kg/m² では、各強度値は $M_a=75$ kgm、$\sigma_a=27$ kg/cm²、$\tau=150$ kg、$\tau_a=1.6$ kg/cm²、$\delta=0.22$ cm などである。不静定でない。

[補足1]

本文中に(p.8 参照)、長野県と三重県のヒノキ天然木の年輪パターンが対応することを紹介した。ヒノキの受粉距離は短いので、他の個体の花粉と結合する確率は、仮に $1/r^2$（r＝距離）に比例してとても小さい。また、同じ樹の花粉では種子が育ちにくいこともある。

季節風で吹き上がった花粉がはるばる三重県へ飛来するとすれば、遺伝的に共通の両県の固体はマクロの気候下で類似のパターンになるかもしれない。

光谷氏は年輪パターンを古代史に適用され、新しい知見を得られているだろう。ここでは花粉をからめて私の想像を記す。

古代といっても平城京のころ、ヒノキの柱は真木柱のような丸太の利用が多い。刃物が十分でなかったので、丸太の直径は小さいとみられる。未成熟部を含む年輪では、年輪幅が変動し、年輪の比較がむつかしい。したがって、以下は大径の丸太が切削できる後世の話になる。

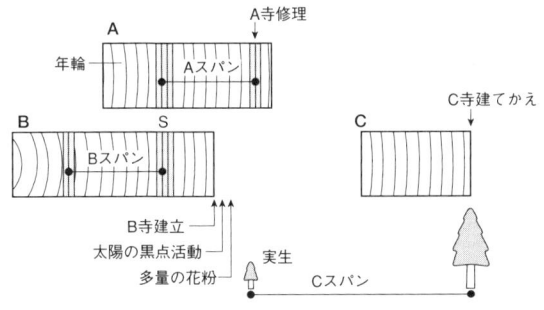

A寺を修理したとき、A年輪が見つかり、かつてB寺を建立した資材の残り(B)と見比べると、年輪パターンの一致Sを発見した。この結果、B寺の建立はAスパン前(仮に100年)であることがわかった。これはB寺の古文書と一致した。このときAとBのスパンは100〜300年の安定期の年輪としたい。

さて、この話が近世であると、気象関係の記録もあり、B寺建立時に、太陽の黒点の活動が盛んになり、夏は暑く花粉が多量に出来て飛散した。この結果実生がたくさん育ち、Cスパン(仮に200年)後に大径木になり、C寺の建て替えに使われた。

年輪年代学にからめて、花粉、実生、天然林の歴史、苗木の植栽(人の活動)などに思いをめぐらせた。それにしても、花粉症で私たちを悩ませる花粉はどの地方のスギ、ヒノキの産物であろうか。

● 参考文献 ─────────────
1) 坂口勝美：ヒノキ育林学、養賢堂、p. 214 (1952)
2) 鈴木正治、青木太郎：木材学会誌 **40**、1243 (1994)
3) M. Yatagai *et al.* : Mokuzai gakkaishi **34**, 42 (1988)
4) 光谷拓実：木材学会誌 **33**、175 (1987)
5) 鈴木正治、中戸莞二：木材学会誌 **9**、90 (1963)
6) 浜田良三、杉原彦一：材料 **21**、343 (1972)
7) 鈴木正治：林業試験場研究報告、No. 298、60 (1977)
8) 鈴木正治：材料 **21**、82 (1972)
9) 田中俊成、鈴木正治：未発表
10) 川上太左英、藤田　博：農林水産応用数学、槙書店 (1958)
11) 佐藤基樹：東京農工大学農学部修士論文 (1995)
12) 山戸松男：ラーメン解法の実際、オーム社 (1957)
13) 海野哲夫：構造学再入門 II、彰国社 (1972)

第 2 章 ス　ギ

1．種子を蒔く

　屋久島の縄文スギは樹齢 4 千年だとか。縄文時代(1 万年～3 千年前)にはスギは育っていたはずである。氷河時代(200 万年～1 万年前)には植生が偏ったといわれるが、メタセコイアはもっと古いし、針葉樹の隆盛期も古い。スギの祖先は中国原産のミズスギともいわれる。

　長い時をかけて、糸状の DNA にひそむ遺伝子を継承してきたことになる。核の中で、DNA、転写、プロセッシング、mRNA、酵素蛋白、の生合成系を経て、新しい細胞、生物体が生まれる。

　春、地温の上がったころ、こげ茶色のスギの種子を蒔いた。2 週間ほどで、下に湾曲した細い子葉をもつ芽が出揃った。さらに 2 週間もすると、スギの特徴のある鎌状の成葉が伸びだし、葉の中で、カルビン回路[1]が調子よく動きだした。それにしても、種子の栄養を代謝しながら、短期間に、NADP(Nicotinamide adenine dinucleotide phosphate)(注 1)、ATP(Adenosine 3-phosphate)(注 2)、RuBP(D-Ribulose 1,5-di-phosphoric acid)(注 3)などが調製されている。

【注 1】　葉緑体の中で、重要な補酵素であり、光エネルギーに励起されたクロロフィルの作用を受け、H_2O を $NADPH+H^++(1/2)O_2$ に分解し、酵素の発生に寄与する。換言すれば、明反応では、グラナの中で、酵素の他段階にわたる酸化還元作用があり、NADP は水から供与された H^+、e(電子)を受容する。一方、暗反応では、NADPH はホスホグリセリンアルデヒドの生成にあずかっている。

【注 2】　光エネルギー、ビタミン K、酵素によって、ADP(アデノシン 二リン酸)に無機のリン酸を結合させ、ATP アデノシン三リン酸を生成する(光リン酸化という)。ATP が ADP にかわるとき、高いエネルギーを放出するので、生体物質の生成、分解、

転送、リン酸の転移などの多様な作用をする。ATPの生成は明反応の一つで、チラコイドとストロマの境界で生成し、暗反応ではいろいろな機能を発揮する。

【注3】 D-アラビノースを異性化した構造の、5炭素の、1、5位でリン酸エステル化した化合物で、CO_2を受容する。さらに、受容したCO_2、H_2Oから酵素触媒によって、ホスホグリセリン酸をつくる。この後、ATP、NADPHらのかかわるカルビン・ベンソン回路のステップを経て、6炭素のフルクトース二リン酸へいたる。

2．稚樹の成長

苗畑では、すでに数年ずつ生育した苗木があるので、成長状態をマクロにとらえることにした。乾燥葉量に対して、図2-1は茎(幹)量、図2-2は樹高、図2-3は4年生の年輪における放射方向の細胞分裂数である。図2-4は樹高に対する枝数である。枝の分布と着葉から、小さい樹形が想像できるとともに、葉量すなわち同化器官の量が幹、太さ(仮道管の分裂数)などに影響していることがわかる。1節との関連でいえば、3年程度たてば、光量、温度、水分、土壌などの環境に適応し、それらの影響も定常的に作用する。この実験は東京(目黒)で行なったが、ここは12月でも暖かく、私にはまだ成長しているように思えた。

そこで冬季の葉の活動を調べた。スギ当年枝(長さ50 cm)6本を遮断のできる水槽つき同化箱に入れ、赤外CO_2分析装置に接続した。測定は閉鎖循環式によった。図2-5は、外気温9℃、8：00頃より日射を与え、11：30頃より日射を遮蔽した場合である。日射を受けると、CO_2濃度は440 ppmあたりから急減して、250 ppm程度に落ちる。そして、遮蔽とともに増加している。この装置で外気のCO_2濃度を計測すると、380 ppm程度であった(南極、ハワイ、アラスカの測定値を実験年次に外挿すると、355 ppm)(2004年ハワイ：377 ppm)。夜間は暗呼吸、昼間は光呼吸によるCO_2の放出があり、測定値に重なるが、明らかにCO_2は吸収されている。もしも同化産物が蓄積されれば、冬季では生命維持に使われる。

この実験は4日目になると、CO_2曲線の増減がにぶる。当年枝の活性が衰える。新しいシュートが伸びる4〜6月頃、頂芽のIAA(注4)の活性が高いと新生細胞の水分吸収が促進され、CO_2曲線も鋭い変化を示す。気孔が開いて、CO_2を吸収すると、同時に水蒸気も多量に失うので、水分の補給が必要となる。ただ、CO_2分析装置は水蒸気をきらうから、脱湿剤の交換が必要である。

図 2-1　葉乾量と幹乾量

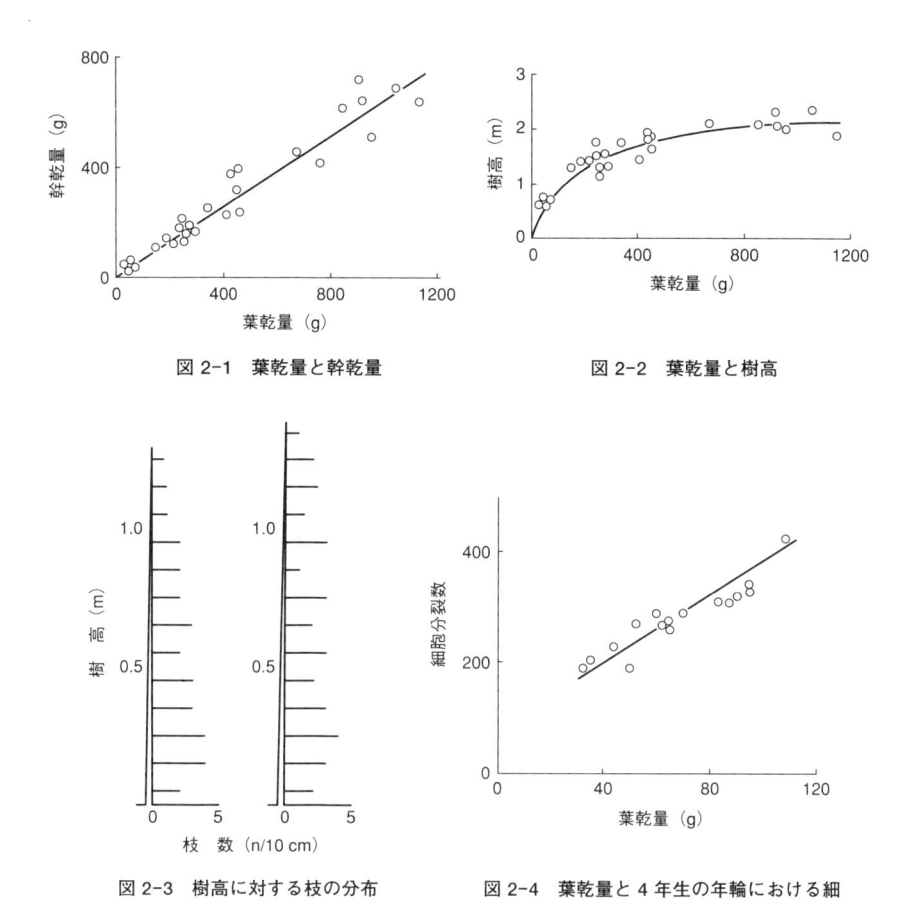

図 2-2　葉乾量と樹高

図 2-3　樹高に対する枝の分布

図 2-4　葉乾量と 4 年生の年輪における細胞分裂数（放射方向の細胞数）

図 2-5　スギ生葉による CO_2 の吸収

【注4】 インドール 3-酢酸。ひろく植物の伸長生長にかかわる。すなわち仮道管では、長さ、径、面積の拡大を促す。これに対して、光合成による同化産物は仮道管壁の増厚にかかわる。IAA は、細胞、組織、器官の成長、分化を促進させる。移動型、結合型があり、ジベレリン、エチレン、サイトカイニンなどと共同して作用する。たとえばジベレリンはIAAと共に働き、伸長成長と吸水の促進、浸透圧を高める。また、IAA-エチレンにおける側芽の抑制(頂芽優勢)のごとくである。

3. 細胞壁の生成

葉で生成した糖(ショ糖)は篩管から形成層帯の分裂細胞に転送され、細胞質にとける。光学、電子顕微鏡下では明瞭な核、液胞に対して、膜状、糸状、小のう状の小器官が浮遊しているのがわかる。

電子顕微鏡によると、細胞質の器官の関係が明らかになる。核に粗面、滑面(smooth surface)の小胞体が接続し、前者によって生成された蛋白質が内膜系に転送される。この蛋白質の原料は、根からチッソ化合物、リン酸塩、硫酸塩、および同化産物の糖である。酵素によって、アミノ酸を合成し、種々の蛋白質を生成する。ミトコンドリアは細胞内呼吸によって、エネルギー物質 ATP を生成する。エネルギー、機能性の蛋白、酵素、糖などがととのうと樹木の場合、セルロース、リグニン(2次代謝物)の合成が始まる。その際の機序は古典的であるが、図 2-6、図 2-7 をあげる(最近の考え方については参考書を参照)。

仮道管では、形成層から分裂した細胞は径方向、つづいて軸方向に拡大する。液胞のぼう圧によって周囲(原形質膜)に押しつけられた細胞質の中で、ロゼット形の酵素複合体が活発に、UDP-グルコースを基質として、グルコースを β-1, 4 グリコシッド結合させ、セルロース分子をつくる。セルロースは細胞の外周囲では、細胞軸に垂直に堆積し、つづいて細胞が軸方向に、伸長を終えるころには、ほぼ同方向にセルロースの束(ナノオーダーのミクロフィブリル)となって、細胞膜に積まれていく(図 2-6、7 も参照)。

ミクロフィブリル(MF)の並びは微小管が規制するといわれ、酵素複合体はターミナルコンプレックス(TC)ともよばれる。

TC の活動期と同じとき、ゴルジ体も活発に機能する。UDP-糖の形で、例えば、グルコースとキシロースの糖複合体をつくり、細胞壁の MF の間隙に送りこ

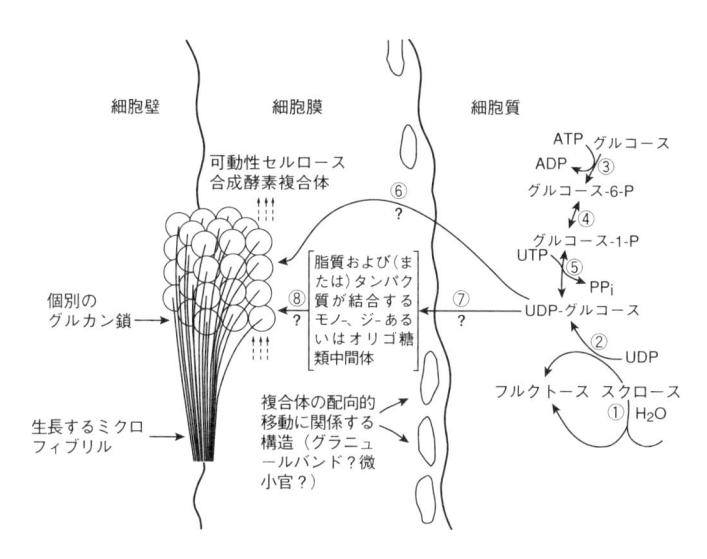

図 2-6　植物におけるセルロース合成機構の仮想モデル（Delmer, 1980）[3]

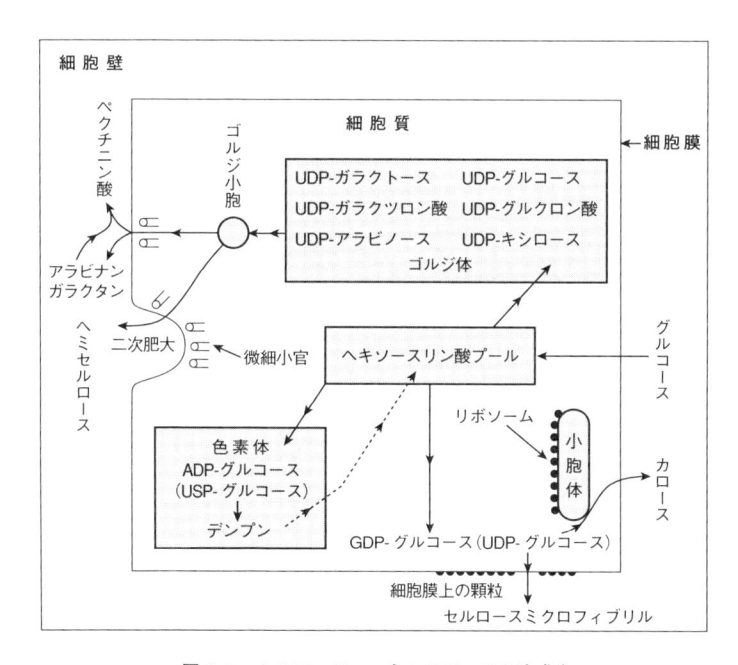

図 2-7　セルロース、ヘミセルロースの生成[4]

表 2-1　木材の化学的組成[5]

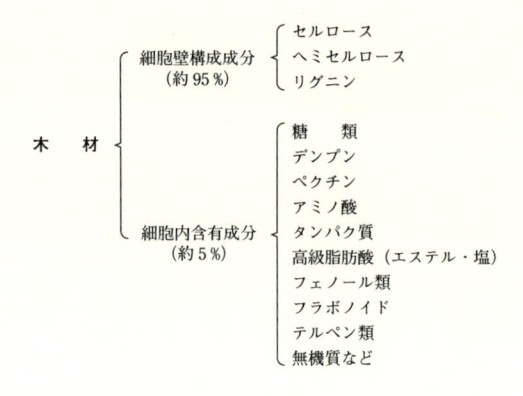

木材
- 細胞壁構成成分（約 95%）
  - セルロース
  - ヘミセルロース
  - リグニン
- 細胞内含有成分（約 5%）
  - 糖類
  - デンプン
  - ペクチン
  - アミノ酸
  - タンパク質
  - 高級脂肪酸（エステル・塩）
  - フェノール類
  - フラボノイド
  - テルペン類
  - 無機質など

樹　種	セルロース	ヘミセルロース[a]	リグニン	温水抽出物	アルコール・ベンゼン抽出物	灰分
スギ	52.8	17.3	31.4	2.2	3.2	0.6
ヒノキ	54.5	16.5	29.0	2.8	2.7	0.6
アカマツ	53.5	18.8	28.3	2.6	2.9	0.3
ブナ	56.6	24.7	21.3	2.6	2.2	0.6
ナラ	56.2	22.3	21.7	5.7	0.8	0.4

（右田伸彦）

まれる。さらに少し遅れて、リグニンの前駆体であるモノリグノールをつくり、盛んに酵素反応を繰り返してリグニンとし、分泌小胞のようにして転送し、MFの間隙を埋める。文献[1-4]を参照。

　以上から原形質膜上では TC が数 10 個単位となり、並列して合成される鎖状分子から細胞壁に堆積するとき、方向（角度）が変わる。この結果、細胞壁で配向のかわった層を形成する。分子内（例：C_6-C_2）、分子間（例：C_6-C_3）などの水素結合によって結晶化している。結晶の間隙では水分の攻撃を受ける。

4．細胞壁の化学成分

　光合成成分が主となって生合成された細胞壁の化学成分は**表 2-1**[5]にまとめられ、壁層のリグニンについて示すと**表 2-2**[5]のようになる。次に化学成分をスギの品種から記述する。

　3 品種の産地、外観

表 2-2　トウヒ (*Picea mariana*) 仮道管におけるリグニン分布 [5]

材中の部位		部位の容積率(%)	リグニン含有率(%)	全リグニンに対する割合(%)
早材	二次壁	87.4	22.5	72.1
	複合細胞間層	8.7	49.7	15.8
	セルコーナー部	3.9	84.8	12.1
晩材	二次壁	93.7	22.2	81.7
	複合細胞間層	4.1	60.0	9.7
	セルコーナー部	2.2	100.0	8.6

(Fergus, B. J. *et al.*, 1969, 1970)

表 2-3　3品種の化学組成と α-セルロースの結晶化度 [6]

	屋久スギ		立山スギ		吉野スギ	
	A	B	A	B	A	B
ホロセルロース	56.8	65.6	72.3	74.3	71.6	76.2
リグニン	37.6	36.7	34.5	34.1	34.6	34.9
α-セルロース	43.2	52.5	54.1	56.4	54.2	55.4
同 結晶化度	52.7	55.1	55.7	57.2	58.6	60.0

各成分の定量はJIS法による。全乾木粉に対する%。α-セルロースはホロセルロースに対する%であるが、多少のヘミセルロースも含む。

・屋久スギ：下屋久営林署内、8年生、4年輪まで心材化
・立山スギ：富山林業技術センター内、8年11月、2年輪まで心材化
・吉野スギ：奈良県川上村、8年生、心材の着色見られず
　試料の主な採取位置：1.2〜1.5 m、部位A：3、4、5年輪、部位B：6、7、8年輪、立山6、7年輪。各品種の部位A、Bにおけるセルロース、リグニンの含有率を表 2-3 に示す。

　表 2-4 を見ると、温水抽出率が大きい(図 2-8 も参照)。既報によると、スギの成熟材では、心材2〜5、辺材1〜3%程度である。ただし、屋久スギは他のデータでも、抽出量が多い。表の3品種は若く(未成熟)、フレッシュな材であるので、後述のような理由で多くなったとみられる。アル・ベン抽出でも、屋久A、立山A、屋久Bの順に低下している。4種の溶媒とも、ほぼ同じ傾向(左＞右)があり、抽出液の色を示すb*の変化は黄色から、淡い黄に変わっている。温水抽出液のL*(明度)は、屋久が小さく、吉野になると明るくなる。緑青みを示す−a*は、吉野の温水抽出液が屋久、立山より大きい。アセトン、ヘキサン抽出液のa*は−9.5〜11程度、L*は41(屋久A)〜44程度で3品種の差は比較的少ない。

表 2-4 抽出率と抽出液の色[6]

	屋久A	B	立山A	B	吉野A	B
温水抽出	13.02	9.60	7.36	4.43	6.46	5.74
a*	−7.0	−8.9	−6.8	−8.7	−10.4	−9.9
b*	20.5	12.7	10.7	7.5	5.5	6.6
L*	32.0	37.0	40.0	41.0	41.0	42.0
アル・ベン	3.35	1.53	1.89	0.88	0.94	0.89
a*	−8.6	−9.9	−10.0	−9.7	−9.8	−9.7
b*	17.2	4.2	8.9	7.2	2.4	2.1
L*	44.0	47.0	45.0	46.0	46.0	46.0
アセトン	4.98	1.78	1.70	0.49	0.69	0.66
b*	17.6	4.4	5.0	1.8	2.4	1.9
ヘキサン	1.55	0.35	0.94	0.27	0.78	0.24
b*	1.2	0.5	0.8	0.7	0.6	0.6

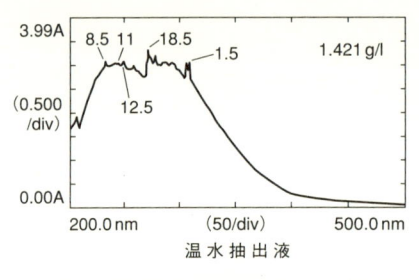

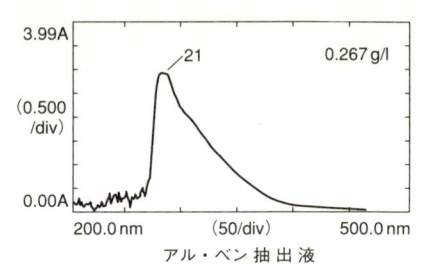

図 2-8 ヤクスギ(B)の分光(吸光度)特性[6](図中にピーク位置を示す)

温水抽出によって、単糖、澱粉、ガムペクチン質、塩類、タンニン、アル・ベン抽出によって、樹脂、樹脂酸、油脂、テルペノイド、色素などが溶出する。溶媒の測定可能な最短波長は、水 200、アルコール 220、ベンゼン 290、アセトン 330(nm)であるので、抽出溶液の UV スペクトルを調べると、図 2-8 のようである。温水抽出のスペクトルは広い波長範囲にわたっている。熱水によって、リグニンが部分的に加水分解して、2量体、3量体が溶出することも考えられる。スプルース、ポンデローサパインの水抽出(温水)によって、λmax=295、330、350 (nm)において加水分解したタンニン様物質が認められている。

2品種は心材までわたっているので、成分はグルコース、デンプン、スクロース、マンノース、アラビノース、キシロース(ガラクトグルコマンナン、アラビノグルクロノキシラン)、スギレジノール、ヒドロキシスギレジノール、δ-カジノール、ヒドロキシアスロタキシン、アガサレジノール、δ-カジネンなど多種

写真 2-1 スギ新葉（形に特徴がある）
（左よりヤブクグリ、アヤスギ、シャカイン。生葉は 70 〜 80 ％の水分を含み、芳香がある）

類に及ぶ。

5．年輪を構成するヤング率

幼齢木の 4 または 5 年輪目を、早材は 200μ、晩材は 80μ 程度にスライスして、幅 4 mm、長さ 50 mm の薄片の放射方向をファイルにして、逐次、振動法ヤング率を求めた。図 2-9 は 4 種類について比較した。1、2、4 は図の注に示した地方の品種であるが、3、5 は植栽されていた地域名を示す。ヤング率は密度と正の相関が高いので、品種を比較する場合は、（ヤング率/密度）によって密度の効果を消去した。

一方、細胞壁の面積率 $s(cm^2/cm^2)$ は、木材の全乾密度 r、packing density（細胞壁総体の密度）を ρ とすると、$s=r/\rho$ で示される。$\rho=1.1$ 程度[5]として、

細胞壁のヤング率 $E_w = E/s = E/(r/\rho) = E/r/1.1 \fallingdotseq E/r$

となって、前記の密度の効果を消去した場合と同じ形になる。さらに r を気乾比重と読み替え、図 2-9 に表した。この E/r は specific young modulus といわれるが、比ヤング率と訳すよりも、特定のヤング率であり、細胞壁のヤング率に近い。

4 の秋田の有名品種では、細かい波状をまとめて見ると、平均のレベルが高い。5 は東京農工大演習林産で、成長のよいものを選抜育種されたもので、その後、

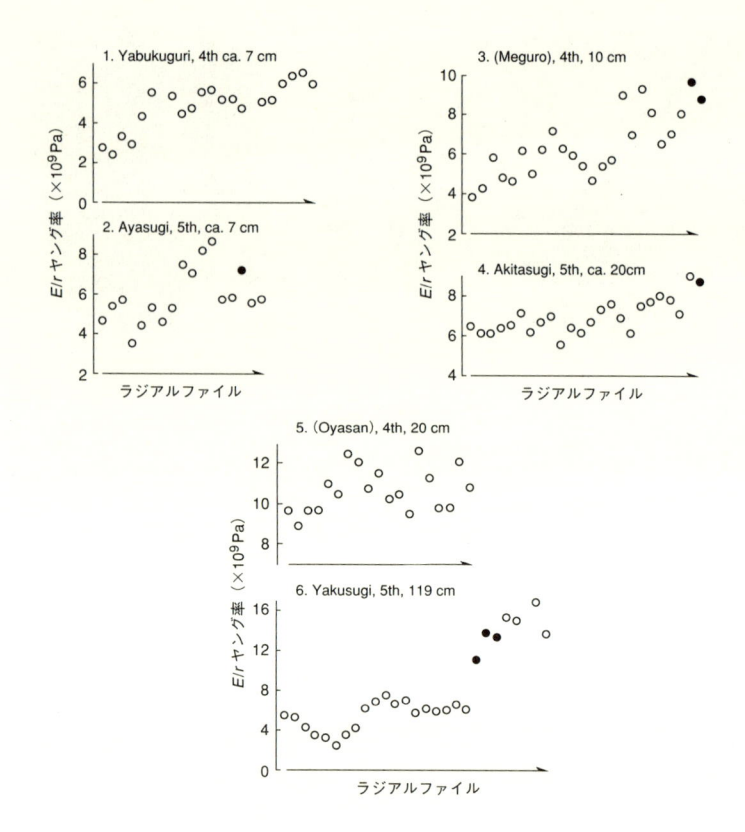

図 2-9 年輪内の E_lr ヤング率の分布
(注) 品種、年輪番号、地上高、●:晩材密度の試料

筆者もさし木苗でこの品種の特性を認めている。

6も有名品種で、早、晩材でレベル差がある。低いレベルの1、2の成熟材は加工しやすいので、私は好んでいる。では、なぜこのような差になるのかについて次節で考える。

6. ヤング率の追求

1) 重さ、形状との関係

この節でも通常のヤング率をE、その他の種類はEに添字を付けて表す(**表 2-5**)。スギ3品種の材にしぼると、Eに関係する因子として、比重、ミクロフィブリ

表 2-5 基本定数のスギ品種間の差

AR(mm) LP(%)		E_{av}(GPa)	r	MFA(°)	$R(\mu m)$	ΔE(GPa)	$\dfrac{h}{n}$(mm^{-2})
屋久スギ	Ⓔ	1.7	0.322	45	34(106)	1.13	12
5.8	Ⓜ	2.5	0.439	41	27(62)	1.67	
15	Ⓛ	4.1	0.663	36	12(18)	2.78	38
立山スギ	Ⓔ	2.0	0.303	30	38(125)	1.04	7
6.1	Ⓜ	3.3	0.469	28	25(53)	1.81	
16	Ⓛ	7.0	0.801	25	10(12)	3.47	44
吉野スギ	Ⓔ	4.2	0.362	15	30(83)	1.33	8
3.3	Ⓜ	6.3	0.469	13	22(47)	1.81	
13	Ⓛ	11.8	0.795	10	9(11)	3.42	50

(注) AR:年輪幅、LP:晩材率、E_{av}:本文参照、ⒺのE$_{av}$の例、$E_{av}=(Ⓔ_6+Ⓔ_7+Ⓔ_8)/3$、3年輪のEの平均ヤング率、r:気乾比重、MFA:S$_2$の傾斜角、R:仮道管の半径径、( ):R/r、ΔE:吸湿によるヤング率の低下量、h;n:放射組織の細胞高;分布数
 Ⓔ:早材初期部(1年輪幅の0~40%)
 Ⓜ:早材中期・後期部(1年輪幅の40~80%)
 Ⓛ:晩材部(1年輪幅の80~100%)

ル傾角(MFA)、仮道管の寸度、含水率に収れんさせられる。

屋久、立山、吉野スギのB部位から、1年輪の中を生長経過にそって、Ⓔ:0~40%、Ⓜ:40~80%、Ⓛ:Ca. 80~100%に分ける。Bの各年輪からⒺⓂⓁごとに、E、r(気乾比重)、MFA、R(放射方向の仮道管の径)などを求め、平均した。**表2-5**のΔEは乾燥状態から繊維飽和点(FSP)にいたるときのEの低下量で、次式で与えられる[7]。

$$\Delta E = (4.86r - 0.42) \times 10^9 \text{(Pa)} \quad\quad\quad\quad (1)$$

表2-5から品種間に差が認められる。たとえば、Eも屋久<立山である。R/rを変形のしやすさに関係するとすれば、屋久≧立山>吉野である。$E-\Delta E$は生材状態のヤング率で、生立木のたわみやすさとすれば屋久>立山>吉野である。E_{av}はMFAに最も影響されている。屋久の場合、MFAの緩傾斜と細胞高hの大きさも関係するらしい。吉野の場合、hと分布数nがむしろヤング率増に働くらしい。

2) 化学成分のヤング率

a) セルロース

セルロースのヤング率(E_c)は既往の研究が多く、ここではEと配向角(θ)の関係式[8]をあげる。

表2-6 主にS_2のα-セルロースのヤング率の推定

種類	E_α(GaPa)		
	Ⓔ	Ⓜ	Ⓛ
屋久スギ	5.22	6.34	8.08
立山スギ	10.75	11.89	13.75
吉野スギ	22.31	24.57	28.41

$\log E_c = 5.672 - 0.0208\,\theta$ (θ:度、E_c:kgf/cm^2) ………………………… (2)

上式は多数のセルロースについて適用できる。スギではα-セルロースがよい例となる。**表2-5**のMFAと(2)式を用いて計算したのが**表2-6**である。

b) リグニン

リグニンをnativeのままでとり出すのは困難であるので、ジオキサンリグニンを用いた。常法で調製されたジオキサンリグニンを少量の水で懸濁してガラス板にはさみ、クリップして80〜120℃(段階的)で凝集させ、薄いフラグメントをアミン硬化エポキシ樹脂で固定した。これを2本の溶融石英棒(直径5 mm、長さ25 mm)にはさみ、治具でとめエポキシで接着した。石英棒の一端を水晶振動子にとりつけ、複合振動子法[9]によって、リグニン部分のヤング率E_ℓを測定した。E_ℓは次式で与えられる[10]。

$$E_\ell = 4\,\ell\rho b f_1^2 (f_2/\Delta f)\ (\mathrm{dyn/cm^2}) \quad \cdots\cdots\cdots (3)$$

具体例で示すと、ℓ:接着又は非接着の石英棒の長さ、約5 cm、ρ:石英棒の密度、2.18 g/cm^3、b:接着層の厚さ、(一例)0.1 mm、f_1:縦振動の水晶振動子、f_2:非接着石英棒(5 cm)、f_3:接着石英棒、それぞれの共振振動数、(一例)$f_1 = 51630$, $f_2 = 50120$, $f_3 = 49250$(Hz)、$\Delta f = f_2 - f_3$ など。

上記の定数、測定値を(3)式に代入、E_ℓを2.4 GPaと計算できる。リグニン接着層には硬化したエポキシ樹脂がリーク状に浸透している。エポキシのヤング率を3 GPa、リークを10〜20%として、並列模型で補正すると、$E_\ell = 2.2$ GPaになる。実験では、f_1, f_2, f_3の差が小さいこと(<5%)、したがって厚みbを大きくとれない。

パラコールによる計算も紹介しておく。

リグニンを構成する原子、原子団に次記の定数を与える。C=4.8、H=17.1、O

=20、2重結合=23.2、6員環=6.1 など。リグニン分子は榊原の針葉樹リグニンのモデル[5]を用いた。

パラコール P(リグニンモデルの C、H、O に上記の定数を代入したもの)、リグニンの分子容 V(cm³/mol)、ポアソン比 σ(たとえば、0.4、0.45)などを与えて、次の2式で計算する[11]。

$$K = 0.75 \times 10^8 (P/V)^6 \; (\mathrm{dyn/cm^2}) \cdots\cdots\cdots\cdots\cdots\cdots\cdots (4)$$

$$E_\ell = 3K(1-2\sigma) \; (\mathrm{dyn/cm^2}) \cdots\cdots\cdots\cdots\cdots\cdots\cdots (5)$$

ここに K は体積弾性率。これらから E_ℓ は 1.5 GPa 程度が得られる。

クラーソンリグニンの粉末を 2.8×10^8 Pa で成形し、一定圧力下で昇温軟化させた後、所定の試片にした[12]。乾燥から 10% の吸湿によって、E_ℓ は 7→3 GPa へ低下した。

以上の3つの E_ℓ から、リグニン誘導物質の E は 2.0 GPa あたりであり、native の場合は、これに c) のヘミセルロースや前駆物質との関係で +または− の要因が働くのではないか。

c) ヘミセルロース

スギ木粉から脱リグニンする際、残存リグニンのあるもの、少ないものを亜塩素酸塩の処理時間(t)によって作製した。さらに、17.5% KOH でヘミセルセルロースを抽出すると、グルコマンナン、キシラン複合物にリグニンが混在している。この混合物のフィルムを調製し、片持ちはり法によってヘミセルロースのヤング率 E_h を測定した。E_h を $E_\mathrm{h} = Ae^{Bt}$ に適用し、t = 2、4、6、8(h) における E_h を代入して定数 A、B を求める。1例、立山では、A = 62.8×10^6、B = -0.571 である。E_h と t の相関係数は -0.945^{**} であるので、t = 0 まで外そうすると、$E_\mathrm{h0} = 6.3 \times 10^7$ Pa を得た。フィルムは密度が 0.6 g/cm³ 程度で、非晶性のため、測定湿度によって含水率があがる。これらを①~③で処置した。

① 一般に、$E = ar^n$ (r:密度、べき n を 1 とおく、a は定数)を用い、packing density = 1.2 g/cm³ における $E_\mathrm{h(1.2)}$ は、$(1.2/0.6)E_\mathrm{h0} = 2E_\mathrm{h0}$ で与えられる。

② E_h0 の θ(2式)を 45° とおいて、立山の場合 $\theta = 30°$ であるので、$E_\mathrm{h(30)}$ は $E_\mathrm{h(30)} = (11.2/5.45)E_\mathrm{h(1.2)} = 2E_\mathrm{h(1.2)}$ で与えられる。

③ 含水率 u(%) におけるヤング率を E_u、一般に $E_u = E_0 e^{-0.07u}$ とおく。$E_{10}/E_{20} = 0.49/0.24 = 2$、$E_\mathrm{h(10)}$ を E_{10}、$E_\mathrm{h(30)}$ を E_{20} と対応させると、$E_\mathrm{h(10)} = 2E_\mathrm{h(30)}$ となる。

表 2-7 リグニン、ヘミセルロース、温水抽出物のヤング率

成分	E_{ex}(GPa) (各実験)	パラコール		
		P/V	K(GPa)	E_p(GPa)
リグニン	1.44〜2.64	2.64	2.56	0.77〜1.54
温水抽出物	0.2 〜0.6	—	—	—
ヘミセルロース	0.02〜0.6	3.09	6.61	1.98〜3.96

(注) P:パラコール、V:分子容、K:体積弾性率

すなわち、①〜③より $E_{h(10)}=2\times2\times2 E_{h0}$、あらためて E_h で書くと $E_h=5\times10^8$Pa とできる。屋久、吉野も同様に計算して**表 2-7**にまとめた。表には残存リグニンの少ない t＝6h の場合も含めた。

次にパラコール法を示す。成分の構成を、ガラクトグルコマンナン(0.1:1:4)、(1:1:3)、アラビノグルクロノキシラン(1:2:10)として、材中には、グルコマンナン系が10%、キシラン系が8%、アセチル基はマンナンに対して4%になるよう加えた。重合度は 100 よりはじめ、構成成分のバランスを保持した。密度を真比重1.3とおいて分子容を算出した。以下はリグニンのパラコール法と同じである。その結果、**表 2-7** に示す $E_h=2.4$ GPa が得られた。

ここで前記の Cosins 氏のデータを捕足する。17.5%KOH で抽出された針葉樹グルコマンナン、キシランの粉末を 2.8×10^8 Pa の加圧によって成形した。この試料の E は、含水率が 0→30% の範囲では $9\to1\times10^9$ Pa であった[13]。以上の検討によると、抽出された E_h はかなり弱いものもある。

d) 温水抽出物

温水抽出液に振動法ヤング率測定試片($200\,\mu m$ 厚)を浸漬し、3〜4%吸着させた。浸漬前後のヤング率を E_1, E_2 とし、$E_2-E_1=\phi E_e$ とおく。ϕ は浸漬後の質量増加、E_e は温水抽出物のヤング率である。ここで比重を r として $(E_2-E_1)/r$ を求め、E_e と対応させた。その結果、0.5 GPa 程度であった。

4) 成分のヤング率の複合

表 2-6 に 2 式を用いて α-セルロースのヤング率(E_α)を表した。リグニンは**表 2-7** のとおり 2.0 GPa、しかしヘミセルロースは定めがたい。パラコール値によるとリグニンと同じ程度だろうか。そこでリグニンに含めてマトリックス E_m とした。各成分の複合系のヤング率 E_c は、

図 2-10 成分のヤング率の複合
(注) 実験値である E/r ヤング率と比較

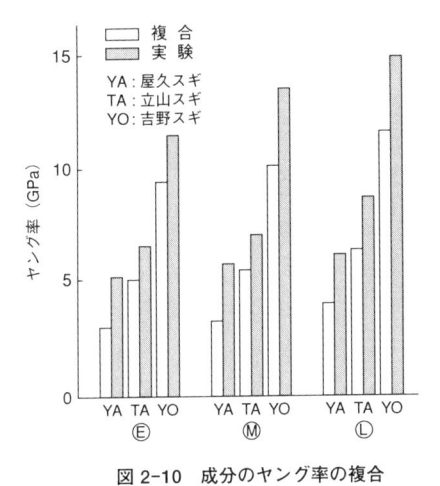

$$E_c = \alpha E_\alpha + \beta E_m + \gamma E_e \quad \cdots\cdots (6)$$

ここに、α、β、γ は α-セルロース、マトリックス、抽出物(温水)の配分率($\alpha + \beta + \gamma = 1$)。$\alpha$ は表 2-3 の含有率から 0.32〜0.37 となる。β は 0.6 以上である。(6)式の定義では、S_1 の横巻きのミクロフィブリルでも E_α に含めるが、壁層を加味した式の改良の余地を残している。E_c を3品種と Ⓔ Ⓜ Ⓛ に分けて図 2-10 に示した。比較のため実験値から (E/r) も算出して並記した。多くは $E_c < E/r$ であるが、実験値を 70% ほど説明している。あとの 30% は、たとえば仮道管が縦向きのMFと横巻きのMFで形成された中空構造であるため曲げ、ねじれに強い。MFのすき間や周囲にはマトリックス物質でこう着され、内腔面は抽出物質がはりつく。管が束となって木になるが、その特徴は生立木に顕れる。

5) 生育環境との関係

屋久スギ 屋久スギは下屋久営林署内の山地で育成された。力枝が1本、谷側にあり、樹形はやや通直を欠く。鹿の害はないが、風雨(1 hr に数 10 mm、風力も大)の影響を受けていた。ヤング率が小さいのもじん(靱)性を大きくするための必要事項といえる。耐湿のためにフェノール性抽出成分も多い。年輪解析によると局所的にアテの素因も認められ、生育環境のきびしさが反映されていた。

立山スギ 富山地方では、12月〜1月に降雨(積雪)が多いが、その直前まで標

高の低い所のスギは生育している。既述のように、立山スギのヤング率は中庸で、積雪に耐え、しなりを有する。また、裏スギ特有の自生力をもつ。アルペンラインのブナ平より下りてくると、立山スギの天然木とブナ、カエデ、ミズメ、ネズコらが自生している。スギは風雪のため、樹冠が変形しているが、幹は太く、通直に伸びている。自然に力強くしなやかに耐えている。

吉野スギ 吉野川の上流域では山脈と谷筋は緑のヴェールになり、丸味の3角形のクローネの重なるスギ林で埋められる。梅雨季から夏にかけ多雨であり、湿潤であるが、温暖な気候のため均質、通直の幹となる。林分密度が高く、枝打ちがなされ、直立、同心円型の樹幹のEは大きい。これは強度を必要とする建築材料に適している。自然環境と人の手入れとの総合効果といえる。

7. ヤング率の用例

ここではヤング率(E)の活用を述べる。

1) 軽い材

大分県でボカスギにルーツをもつと云われた材を入手した。気乾比重rは0.32～0.38、$E=3.8～6.3$ GPa。スギ内皮を繊維状にほぐしてフェノール樹脂接着剤によって樹皮ボードを作製した。このrは0.28、$E=0.8～3.2×10^8$ Pa。これらの軽い材の活用として、3層ボードがある。ボードの曲げ剛性EIは、表層とコアの曲げ剛性の和($E_f I_f + E_c I_c$)で与えられる。コアのE_cを上記の軽い材にすれば、表層のE_f、I_f(Iは断面2次モーメントであるので厚さが関係)を選択することによって、全体で所定の曲げ剛性の3層ボードが得られる。さらに3層ボードを軽くするため、コアのrと厚さの選択がポイントになる。

2) 重い材

熊本地方の品種シャカインは、たとえば$r=0.48$、$E=9.0$、$r=0.55$、$E=13$ GPaのように大きい。

スギ枝を熱水で可塑化して、圧力を加え、圧密化する。この処理は、板厚(R方向)を10、20……(kg/cm^2)と熱圧して、もとの厚さの40％にしてから、固定したまま乾燥する。この状態の仮道管を顕微鏡で調べると、圧縮された半径壁は、くの字、S字に変形し、接線壁は永久変形し、内腔は小さく縮む。$r=0.6～0.7$、$E=9.0～10.2$ GPaになる。圧密材の私の活用は、厚さ2 mm程度に圧密した

表 2-8 実生とサシキのスギ材質

試料	r	MFA (°)	E (GPa)	σ_b ($\times 10^5$ Pa)	W^* ($\times 10^3$ dyncm/cm^3)
実生	0.41	30〜24	4.6〜4.9	630	1250〜1080
サシキ	0.40	24〜16	6.5〜7.6	637	580〜 530

(注) 試片寸法：20×8×200 ($bh\ell$、mm)
　　数値の範囲：左は5〜9年輪の平均、右は10〜14年輪の平均
　　＊：曲げ仕事量 (10^2 Nm/m^3)

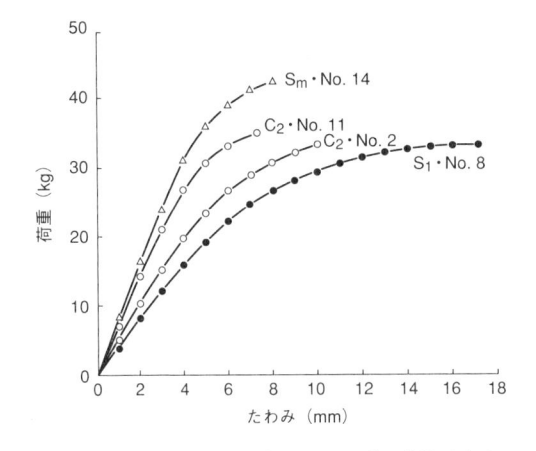

図 2-11 実生スギとサシキスギの荷重-たわみ
(注) S_1：実生の未成熟、C_1、C_2：サシキの未成熟、S_m：実生の成熟、P_p：比例限荷重

5×18 cm の板にグラフ用紙や角度をつける。寸法、ヤングの現場測定の道具となっている。(面が硬く、反りがない)

3) タフネスのある木

同じ母樹から種子とさし穂を採取し、同じ林地に生育させた。その材質を**表2-8**に、荷重—たわみ図を**図2-11**に示す。S_1、C_1、C_2 の非弾性部分の大きさから知られるように曲げ吸収エネルギーWは、実生＞サシキである[14]。すなわち実生の方が粘り強く、タフネスがある。一般的にいえば実生は遺伝的に変化のある形質になり、サシキは母樹の性質を引き継ぐ。風倒木に関連してWang氏[15]は実生とサシキの性質の同様な違いを述べている。

粘り強いことを伸びやすく切れないとすると、一般に枝の性質が該当する。力枝の上側より試料をとり、引張り試験をした。$E=1〜2$ GPa、σ_t(引張り強さ)＝

表 2-9 実生とサシキの曲げ仕事量の比較

曲げ仕事	7〜12年実生	7〜12年サシキ	40年実生
W (表 2-8 の平均)	1140	560	657
U (タフネス)	463	316	335
W_p (比例限)	95	96	123

(注) 単位($\times 10^2$ Nm/m^3)、$bh\ell = 20\times 8\times 200$ mm

600×10^5 Pa、ε_b(破壊ひずみ)$=0.2$(幹材の約 15 倍)。樹木は常に自己調節して生長しているから、幹材でも、局所的に圧縮アテの形態が現れる。この ε_b は 0.03 程度で、正常材の 2〜3 倍である。

タフネスはこのように"伸び"だけでは実用的でないであろう。

曲げの荷重(P)—たわみ(x)において、$P=ax$ とおく。曲げ仕事量 W は

$$W=\frac{1}{2}ax^2=\frac{1}{2}\frac{P^2}{a} \quad \cdots\cdots\cdots (7)$$

P、x を中央集中荷重の曲げ式に適用すると

$$\frac{x}{P}=\frac{\ell^3}{4Ebh^3},\quad P=\frac{\sigma\cdot 2bh^2}{3\ell} \quad \cdots\cdots\cdots (8)$$

(8)式を(7)式に代入すると

$$W=\frac{1}{18}\frac{bh\ell\sigma^2}{E} \quad \cdots (9),\qquad U=\frac{W}{bh\ell} \quad \cdots (10)$$

(9)式によると、この W は比例限を σ まで延長して求めた仕事量で、$(1/E)$ と σ^2 に比例している。表 2-9 では U をタフネスとして示した。実生、サシキ、対照材とも、W_p(比例限における W)$<U<W$ である。W_p は測定しにくいこと、W は非弾性部分(塑性域も含む)が多く、実用性を欠く。U は非弾性を部分的に加味して、簡単に計算できる。

U をタフネスとしたのは表 2-10 を見ていただくと理解される。U の大小が次の事項に対応するようだ。①ツガ：堅いがもろい。②ヒノキ：U は予想以上である。ねばりがあるのと対応するらしい。③カツラ：被削性のよいこと(シナノキも同じ)。④ケヤキ：堅ろうと対応(ミズメ、シオジ、タモも U が大)。これらの事項は E、σ だけでは説明が充分でなかった。表 2-11 はスギを原料にした木質ボードの材質である。パーティクルボードの U、W が小さいようであるが、コ

第2章 ス ギ

表 2-10 各木材の U と W

針葉樹材	($\times 10^2$ Nm/m^3)		広葉樹材	($\times 10^2$ Nm/m^3)	
	U	W		U	W
スギ	296	516	キリ	265	360
モミ	328	610	カツラ	380	728
ツガ	391	712	トチノキ	405	712
エゾマツ	408	798	ブナ	677	1492
ヒノキ	455	810	マカンバ	711	1593
カラマツ	510	882	ケヤキ	812	1585

（注）試片寸法：20×4.5×120（$bh\ell$、mm）

表 2-11 木質材料の U と W

樹種スギ 試　　料	E (GPa)	σ ($\times 10^5$Pa)	($\times 10^2$Nm/m^3)	
			U	W
3層平行（LVL）	7.0	680	370	582
3層直交（合板）	5.6	587	341	520
パーティクルボード	1.8	240	177	335

（注）接着剤：ユリアメラミン
　　　試片寸法：20×4.5×120（3層 $bh\ell$、mm）
　　　　　　　30×8×200（Paボード $bh\ell$、mm）

アの接着剤が熱圧のとき、水分と共に表層に移動してコアの最大せん断応力で破壊することがある。そのときは最大応力 $\tau = 3P/4bh$ であり、(10)式は使えない。

8．幹材の内と外

1）木の履歴

丸太（または樹幹）の表面から求心的に中心（ずい）に向かって木地をたどってみる。それは幾年にわたって、その折々の植物生理が成分としてとじ込められている。**図 2-12** はシャカインの樹幹を3方向から試験体を採取して、気乾ヤング率を求めた。Com. は谷筋側の樹幹の重心が偏る Com. side を示す。反対側を Opp. side、直角方向が Nor. side である。横軸の N は試料番号であり、およそのさかのぼる年代、AR は地表に近いこの部分の円板令（年輪番号）である。

同図で注目すべきは、同じ頃の年代でも E に差が見られること。つまり木地に硬さの分布がある。円板令で、20年に近づいて現われるこの特徴は樹木の自己調節機能である。完全なアテ（圧縮）材とはいえない様相はしばしば見当たる。E

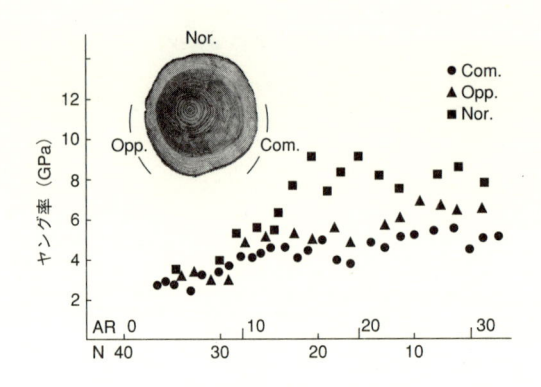

図 2-12 シャカインの横断面における3方向のヤング率の分布
(注)試片寸法：5.0〜5.5(h、R方向)×13(b、T方向)×120(ℓ、L方向)、各mm

のランク、$E-50$、-70、$-90(10^3\,\mathrm{kgf/cm^3})$ を含むので、利用の際は要注意となるが、本試験体の 1〜1.3 m の位置をすぎて高くなると、Nor. side の年輪へかわっていく。

2) 木地の表象

6〜8年生育した樹木の枝葉に手を入れ、下枝を落とし、葉の分布を調節する。これを続け、通直な幹に仕上げる。この結果、年輪はほぼ同心円状に並ぶ。図2-13は北山スギ(一つの品種センゾク)のEの経年変化を示す。先例のように3つの位置で測定されているが、差が小さく、それぞれ、増大しつつ、20〜25年付近で並んでくる。みがき丸太用には25年程度で採取される。丸太面のEは大きく、MFの配向もよいから、面が堅く、細胞が整然と見える。

はく皮のあと現れるこの面はみずみずしく、生の木地の表象である。次の工程は研磨である。面は早材、晩材の細胞でできているので、付図Aのように研磨のエネルギーが相当違う。このため、実用ではナイロン研磨布を用いる。本図の年輪から板状試料を切りとり、丹念に手研磨した。表面の色調を L*(明るさ)、a*(赤味)で表した。本図の年輪数と対応させると、20年をすぎるとL*が大きく、明るく、黄の背景の中で赤味がうすくなっている。

表2-12は加藤正雄氏(北山林業)の表面処理法である。表の右半分はその効果を色調で判定した。②の生の木地に対して、④では明るく、緑青味も加わっている。また、天然シボ、人工シボの技法もある。最近、福山・桜井氏ら(マイウッ

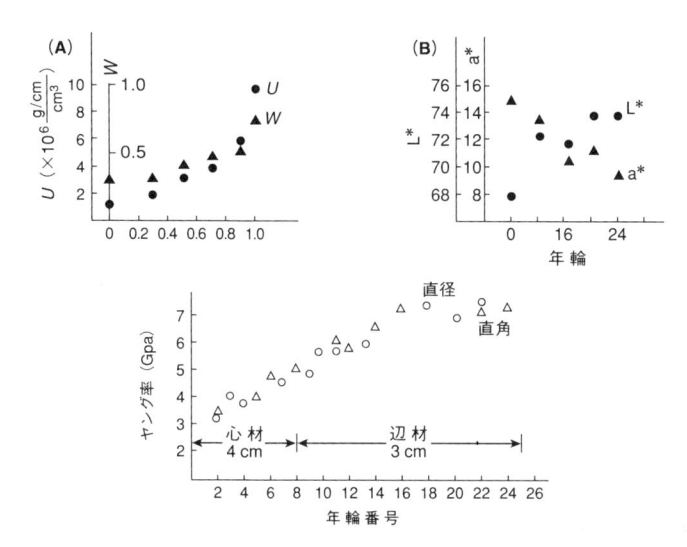

図2-13 センゾクの横断面におけるヤング率の分布

(注)試片の採取：直径方向とその直角方向、寸法は図の注)、付図A(左)は別のスギの研磨エネルギーUと細胞壁率W、付図B(右)はセンゾク

表2-12 みがき丸太の表面処理

① 水圧剥皮	① $L^*71.0$、$a^*18.2$、$b^*25.0$ a^*が大きく、やや赤味の淡黄、生の木地
② 水圧剥皮、ナイロン研磨	② $L^*76.1$、$a^*12.6$、$b^*28.0$ Lが①より少し大、a^*が下がり、赤味薄れ、緻密
③ 剥皮、研磨、色調調製、研磨、仕上調製(市場品)	③ $L^*74\sim78$、$a^*6\sim8$、$b^*19\sim22$ 木地仕上げに工夫
④ 水圧剥皮、ナイロン研磨、漂白、研磨、仕上	④ $L^*87.7$、$a^*1.5$(-2.0にもなる) $b^*23.7$、材面が明るく、色白(少しみどり味)
⑤ 水圧剥皮、ナイロン研磨、漂白、研磨、紫外線処理、仕上	⑤ $L^*83.5$、$a^*6.2$、$b^*27.0$ 材面は④より少しくらい。木地が安定

L^*：明るさ、a^*：赤〜緑、b^*：黄色〜青　　　$L^*a^*b^*$ 表色系は第1章図1-5参照

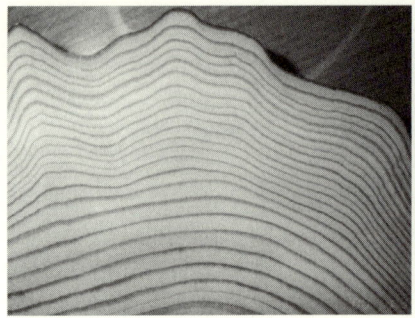

写真 2-2　スギの人工シボ（マイウッド社）　　写真 2-3　北山スギの景観（勝山吉和 撮影）

ド社）によって、丸太に水圧をかけ、**写真 2-2** のような波状面をつくる技法もある。

● 参考文献

1) 石津純一ほか：生物学データブック、丸善（1986）
   増田芳雄：植物生理学、培風館（1977）
   同：植物生理学入門、オーム社（1988）
2) 桜井直樹、山本良一、加藤陽治：植物細胞壁と多糖類、培風館（1991）
   島地　謙：木材研究資料 No. 13、36（1979）
3) E. スヨストローム、近藤民雄 訳：木材化学 ―基礎と応用―、講談社サイエンティフィク、p. 50（1983）
4) 中野準三ほか：木材化学、ユニ出版、p. 353（1983）
5) 原口隆英ほか：木材の化学、文永堂出版、p. 2、4、114、147（1985）
6) 笹井かなえ：東京農工大学農学部修士論文（1998）
7) 鈴木正治：木材学会誌 **26**、299（1986）
8) 鈴木正治：木材学会誌 **15**、278（1989）
9) 和田八三久ほか：高分子の物性 I、共立出版、p. 125（1958）
10) A. W. Nolle and T. J. Westerveit：J. Appl. Phys. **21**, 304（1950）
11) 金丸　競：接着と接着剤、大日本図書、p. 49（1978）
12) W. J. Cosins：Wood Sci. Tech. **10**, 9（1976）
13) ibid, **12**, 161（1978）
14) 鈴木正治：木材学会誌 **12**、846（1978）
15) S. Y. Wang and C. M. Chu：Mokuzai gakkaishi **39**, 831（1993）

第3章 カラマツ

1．カラマツ林

　1956年に夏期実習のため、北海道滝川営林署にいった。この地方は低山炭鉱区で、山にはカラマツが植林されていた。カラマツの幼齢樹の枯損木の調査であった。一日中カラマツの枝葉の状態を観察した。後日、本州の諏訪からの高原街道、浅間山山麓の立派なカラマツ林とくらべて大きな差を感じた。さらに富士山麓および六合目付近まで調べたところ、カラマツの生態に大きな変化（標高が増すと、風と寒さで矮小化）がみられた。

2．カラマツと鳳凰山系

　南アルプスの北端に近く位置する鳳凰山系では、南側に2002年南アルプス市が誕生した。そこから地図（**図3-1**）にそって、鳳凰山に登るさい、カラマツの生育状態の縮図が見られた。高度を増していくと、標準的な水平に伸びる枝張りから、次第に富士六合目あたりから見られた偏奇な樹形に近づくのが観察された。
　登山道のそばに、あちこちにカラマツの倒木があった。倒木は色の変化が少なく、手ざわりではとても堅かった（この性質を利用する例は後述する）。
　山腹の斜面にはカラマツ以外にいろいろな針葉樹が共存している。
　鳳凰山の東北面では森林帯と山頂の重なりが見える（**写真3-1**）。穴山付近は、八ツ岳より流れ出した溶岩流の堆積層からなり、アカマツの疎林がある。そこから写真のような地蔵岳で朝日を浴びて光るものが見られた。その高さからウエストン氏のオベリスクとお地蔵さん達と思いたいのだが、あるいは瀑布か鳳凰小屋の反射かもしれない。
　さて、写真の中央にお饅頭のような山が見える。これをみて思わずメモのような詩を思いだした。

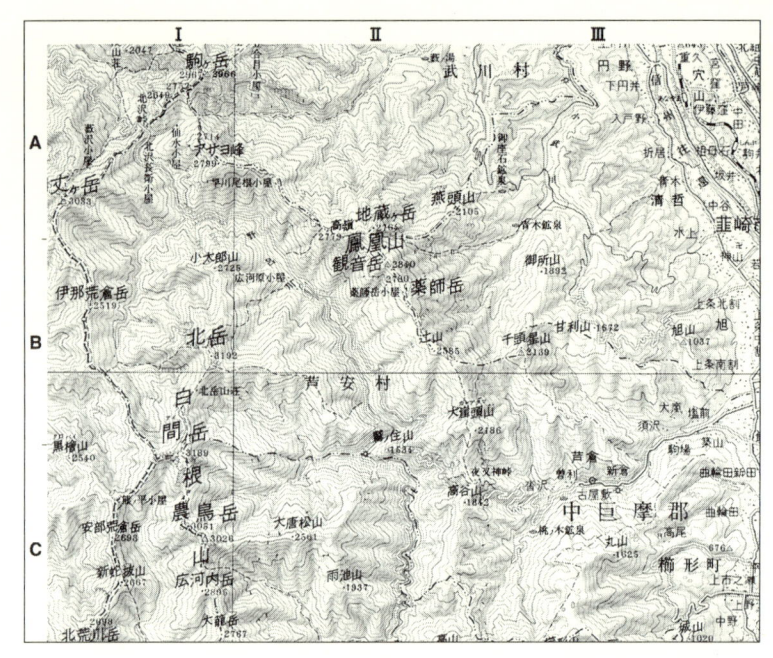

図 3-1　南アルプスと鳳凰山（国土地理院 1：200,000 地勢図 甲府、1999）
(注)　鳳凰山系：B・AのⅡ、穴山：AⅢ、北岳：BⅠ、夜叉神方面：CⅡ、モモの産地：
　　　BⅢ、サクランボの産地：CⅢ

写真 3-1　後方左より薬師、観音、地蔵の鳳凰三山、中央遠方にアサヨ峰（穴山にて）

『山のあなた』　カアル・ブッセ

山のあなたの空遠く
「幸」住むと人のいふ。
噫、われひとと尋めゆきて、
涙さしぐみかへりきぬ。
山のあなたになお遠く
「幸」住むと人のいふ。

（上田　敏訳）

『海のかなたの……』という同型の詩もある。そこには国々と夢があるとつづく。この方が現在にあうだろうか

3．カラマツと共生する仲間達

　鳳凰山系の西南の高度の低いところに広葉樹が見られた。このクリ帯は北岳山麓へ続くと思われたが、北岳はガスのために見えなかった。川をはさんでこの方面にはブナが続いているようであった。
　ここで明治中期の登山者の手記を引用[1]する。当時の手書きの憶測図によると場所は夜叉神付近と思われる。
　「2人の登山者が道をたどって行くと、上から数人の山家の女達が大きな材木を背負っておりてくるのと出くわした。女達は測量の人達だろうといった。かの2人が"木は重いだろう"とたずねたら、"これぽっちなんでもない"と笑った。なんと健気な人達だろう」
　彼女達は何の材木を運び下したのだろう。私は後年ふとしたことで静岡大学理学部の鳳凰山系の植生調査表を見つけた。早速、野呂川サイドの樹木をあたってみると、標高500〜1500 mでは、カラマツ、トウヒ、コメツガ、ウラジロモミ、ヒメコマツなどが浮かんできた。第一候補のシラビソ（シラベ1800〜2600 m）は高いようであった。ここは南アルプス南部より降雨量が年1500 mmで少ない。それでもブナの分布が記入されていた。ブナ、ダケカンバ、オオカメノキなど含めると次第に迷宮入りとなった。今、この山系の里地を歩くと、モモ、サクラの花

ぼんぼりと花環にうっとりする。視界を高め、山頂の白砂や岩陰のタカネビランジ、ホウオウシャジン(高山植物の固有種)に思いをはせた。

4．カラマツの活用

カラマツは2章で比較されているように、タフネス(U)が他の針葉樹より大で、力のかかるサッシには適性がある。ヨーロッパ、北米では伝統的に木製サッシが使われており、気乾比重0.5程度のマツ類、ダクラスファー、オークが主で、地方によってはモミも用いられてきた。

木製サッシの種類[2]を下記した。

- 引き違い窓
- 片引き戸・引き込み戸・バイパス
- ヘーベシーベ(大型引き違い戸)
- はめ殺し窓
- 片開き窓・両開き窓
- 突き出し窓・内倒し窓
- 横滑り窓・縦滑り窓
- ドレーキップ(内開き内倒し窓)
- 回転窓
- 上げ下げ窓
- 組み合わせ窓
- 出窓
- 三角出窓・天窓

これだけの種類をこなすには木材加工の方がやりやすい。

木製サッシの規格でも、木枠のせん断・曲げ・ねじれなどの性能、勘合部の許容値などを規定している。これにはカラマツのように強い晩材が発達したものの方がよい。カラマツは古くなり、材色がくすんでくるとスギと区別がつきにくい。しかしスギの早材とカラマツのそれは明らかに後者の方が丈夫である(温めるとわかる)。

図3-2に窓の例を示す。手で加えられる力の向き、大きさはかなり複雑になる。重要なことは、ガラスがはめられると、ガラスの剛性が大きいので、窓は変形しにくく、強くなる。枠組みに過剰の余力は不要である。防災の立場から、地震力、風力によって与えられる力を直にガラスに伝えず、木組み、パテの緩衝作用を期待したい。

木製サッシは耐候性向上のため、塗装する。その際、基本として承知しておきたいことをレイアウトすると図3-3のようになる。

サッシは戸内外に面するので、両面性のアクリル、ウレタン、フェノールのほか、耐候性のあるフッ素、シリコン系の各樹脂が水性あるいは溶剤で塗装される。

第3章　カラマツ

両開き窓

突き出し窓

回転窓

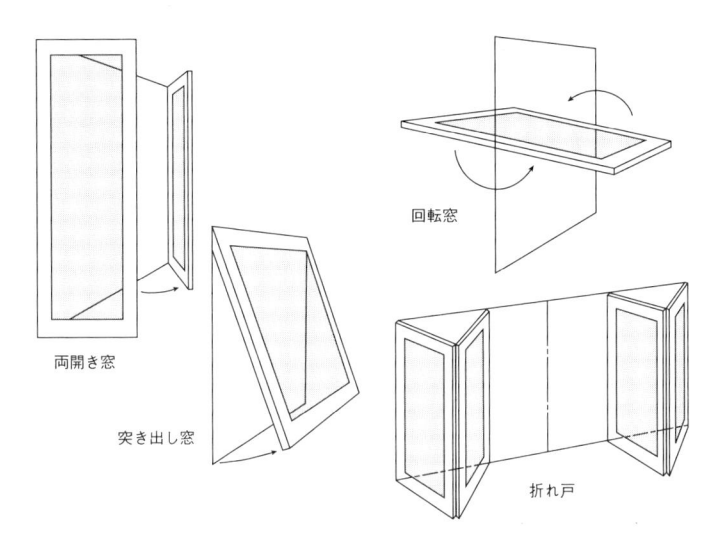

折れ戸

図 3-2　木製サッシの例 [2]

透明塗料 ─┬─ 樹脂 ┬ 天然樹脂（ロジン、セラック）
　　　　　│　　　 └ 合成樹脂（アクリル、ポリウレタン、セルロース系、アルキッド系）
　　　　　├─ 溶剤（アルコール系、エステル系、炭化水素系ほか）
　　　　　└─ 希釈剤、硬化剤

着色塗料 ─┬─ 樹脂（上記）
　　　　　├─ 顔料 ┬ 無機（白顔料、黒顔料、黄顔料、緑顔料、紺、群青、金属粉）
　　　　　│　　　 └ 有機（レーキ、アゾ色素ほか）
　　　　　├─ 溶剤（油性、水性）┬ 水性ペイント
　　　　　│　　　　　　　　　　├ 調合ペイント
　　　　　│　　　　　　　　　　└ エナメル
　　　　　└─ 希釈剤、硬化剤、添加物

共通用語
　硬化促進剤、ビヒクル、スピリット、クリヤ、油脂、ボイル油、低 VOC
・溶剤の中には環境基準で使用が制限されるものがある（トルエン、キシレンなどは低環境基準値）。顔料の中には有害のものがある。サッシは手に触れるので要注意。

図 3-3　木製サッシ塗装と塗料の基本

着色塗装が多く、添加物には紫外線吸収剤がある。
　外気側をメタル、室内側をウッドにする複合サッシがある。和室や木質フローリングの部屋では調和して重みがある。ヒノキ、オーク、家具用材は下地仕上げ、

中塗、上塗、研磨、つや出しの有無、からふきの工程を経るが、省力、合理化されてきた。たとえば、手間をかけず、表面にしっとり感のあるWPCは如何なものか。重ね塗りの際、基本的にSP値の概念が必要である(注1)。WPCではこの問題(トラブル)が少ない。サッシはエクステリアの立場も必要である[3]。

【注1】 SP値(Solubility Parameter：溶解度パラメータ)は次式で表せる。

$$S = \sqrt{CED}$$

ここにCED(Cohesive Energy Density：凝集エネルギー密度)。

塗料の溶剤分子、溶質(固形分)分子の分子間力を破ってばらばらにするのに必要なエネルギーである。前者は蒸発熱、後者は昇華熱(またはこれに対応する物性値)にほぼ等しい。単位は(cal/cm^3)がよく使われてきた。

(例)

溶　　剤	SP	樹　　脂	SP
n-ヘキサン	7.24		
n-デカン	7.72	ポリエチレン	7.7〜8.3
トルエン	8.91	ポリプロピレン	8.2〜9.2
O-キシレン	9.0		
ベンゼン	9.15	ポリ塩化ビニル	9.4〜10.8
アセトン	10.35	ポリ酢酸ビニル	9.35〜11.05
n-ブタノール	11.4		
エタノール	12.7	ポリメチルメタクリレート	9.1〜12.8
メタノール	14.8	ポリビニルアルコール	6〜14.6
水	23.4		

SPの近い溶剤と樹脂は混和性がよく、塗料や接着剤の調製の基本である。実用では樹脂に対して適した溶剤が指示されている。最近、溶剤は水性が主流になり、親水基をもつ樹脂が対応する。それらがエマルジョン型になっている。

● 参考文献

1) 今西錦司：私の自然観、今西錦司全集、講談社 (1975)
2) 木製サッシハンドブック委員会：木製サッシハンドブック、木質構造振興K. K.、p. 24 (1995)
3) 木口　実：木材工業、55、380 (2000)

第4章　アカマツ

1．アカマツ実生の自生スポット

　アカマツの林が年ごとに消えてゆくこの頃であるが、私は1990年頃よりアカマツ実生の分布を次の地域で調べてきた。

　千葉、茨城、長野、山梨、栃木にわたるアカマツ林の周辺を歩いてみた。そこは土地のかく乱のないところで実生の自然木があるかを調べた。驚いたことに前記の地域で自生木をやっと見つけたのは鹿嶋方面、赤沢（長野）、八ヶ岳山麓であった。実生の自然木は八ヶ岳をのぞくとアカマツ林とかなり離れて、下草と小石の土地に自生しており、気温、降雨量、周辺の他生物からの攻撃を克服して幼齢木が育っていた。通常、荒廃、かく乱した土地にはアカマツが侵入しやすいといわれる。

　私の住んでいる茨城県にもアカマツ林は比較的多く、特に羽成地区では植栽林がすでに3、40年生に生育して長い林になっていた。しかし、人手が入って実生の姿は皆無であった。

　また、家の近くに実生が生育したと推定される40年生のアカマツの林がある。そこではその木々の配置は自然のゆらぎを示し、正しく実生の生育した林に思われた。しかし、実生の自生木が生育した確証はなかった。このため、小数の実生の生育木のことを自生スポット（はん点）と名づけ、今後、スポットを記録することにした。林業地でなく住まいの近くの生態系の指標のため、アカマツの芽生えがある粗放で小さい自然があってほしいと思ったからである。

2．アカマツ林の役割

　1888年磐梯山が突然噴火して、北に溶岩流を押し流した。泥流は村をおおい、川をせきとめ、冷えると沢山な湖沼を形作った。湖沼の間の遊歩道を歩いた。ア

カマツの壮齢木が多く、古木にはアケビがからまっていた。すでに100年以上経過し、遷移状態のところもあった。五色沼あたりは人手がはいり、低木が整備されているが、アカマツにかわるものにイタヤカエデ、オオバクロモジ、オオカメノキなどがある。

　ほぼ同じ頃、明治中期になるが、鎌倉鶴岡八幡宮の正面周辺の林はアカマツであった[1]。ところが、1943年の同じ場所の写真によると、アカマツの間に広葉樹が見られ、さらに1993年の同場所は完全に照葉樹林にかわっている。この変化には自然の遷移もさることながら、人為も加わっているだろう(注1参照)。

【注1】　遷移の基本型は、地衣・コケ→草本(1年→多年性)→低木→陽樹→陰樹へと移り変わることである[2]。このような生態的植生の連続に対して、天災、野火、人為によって、植生が破壊され、上記の→の途中から始まる2次遷移が多い。磐梯山の噴火後100年でアカマツ林の前ステップに溶岩流の上で生育できる草本、低木があっただろう。溶岩流をかぶらない地域でブナ林が見られる。他の事例でブナ帯がイタヤカエデに変わるところもある。したがって、さらに100年も経つと現在のアカマツ林の間のイタヤカエデが山麓を賑やかにするだろう。一方、鶴岡八幡宮の森にもタブノキの極相になっているだろうか。

　最も人手のはいった例は、金閣寺の庭園である。前面に淡い藍色の鏡池、金色の建物、背景の明るいみどりと樹皮のアカマツの対応である。

　図3-1(第3章)の地図に韮崎市がある。前述のように八ヶ岳の溶岩台地が長く延びたところである。このあたりを中央線が走っており、アカマツの林が見られる。沿線の万休院にはマツの名木が保存され、武田勝頼の新府城趾にもアカマツの古木が多い。以上のほか、松島のアカマツとか各地に拡げると、アカマツは自然、歴史、文化の主役、脇役になっている。したがって、クロマツも含めて、山水画、博物画にも、東山魁夷氏の名画にも象徴的に登場する。針葉樹の中で唯一に人々とかかわってきた。

3. アカマツの周辺の生物

　かつて、アカマツ林や実生を遠く広島近くまで調べに行った。アカマツの針葉と同じような鋭い葉先をもったイグサの畠を見つけた。イグサについては下の(注2)

第4章　アカマツ　　　　　　　　　　　　　　　　61

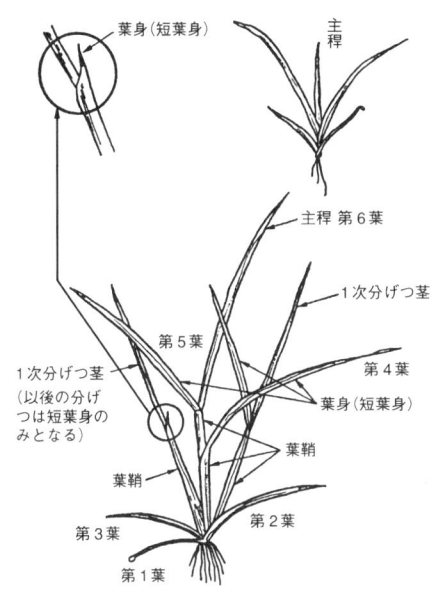

図 4-1　イグサ実生の生育 3)

写真 4-1　イグサ
（注）春に植付けると生長が早いので夏に収穫できる。毎年芽が出てバイオマスの有用原料に思える。

を参考にされたい。イグサは和室の重要な資材である。

【注2】　イグサはイが正式名である。長径0.6 mm 程度の種子を播くと図 4-1 のような幼植物が育つ。田植えするように田んぼに苗を植えると第1葉、第2葉……葉身、1次分げつ芽の順序で生育する。図 4-1 の左に主稈の形成を示す。この育て方には伸長型、分げつ型があり、草丈はそれぞれ長、短になる。刈取った後、染土して、香気、色合いを調節し、たたみ表に織上げる。イグサは中空の柔組織の管である。セルロースは低次の結晶をなしている。特徴的に土質成分を含んでいる。たとえば、ケイ素化合物のごときである。染土で処理していないイグサは葉肉の部分から匂いが発生している。私の育てたイグサを刈取って乾燥して、一定量から 5 hr の間に発生する香りを匂いセンサーで測定した。

図 4-2 に 2 日おきに、ガラス瓶に 5 hr 封じた匂気を ppm に比例する量で示した。ここで、匂い物質の検知に水晶振動子にはりつけた脂質薄膜の吸着作用を利用する。その際、ppm への換算、水分の補正など細かい問題がある。ここでは ppm の指定範囲で示す。図の傾向は 10 日頃まで右下り、その後は検知がわかりにくいが、嗅覚では感知できた。

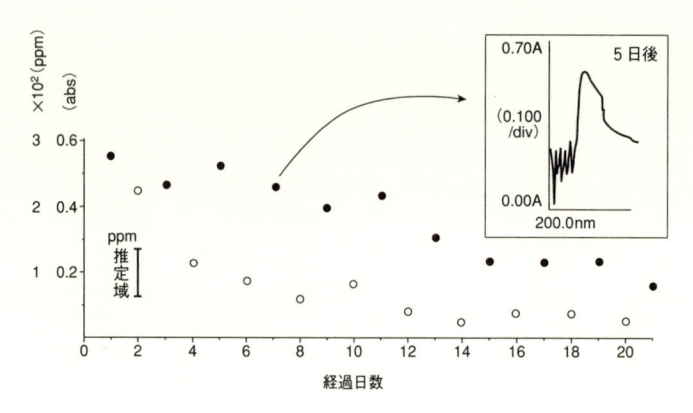

図4-2 イグサの匂い（○印）とアルベン抽出物の吸光度（●印）の日経過

（注）測定：採取後1日風乾→1日、シリカゲル乾→200 ml のびんの中へ密封。5 hr 後にセンサーを挿入、匂いの指示→2日間解放、以後上記の密封へ繰り返し。試験びんにはイグサ：1〜4 cm、200本。アルベン抽出後、一定の割合で希釈しており、比較値で絶対量でない。

●印は2日おきに測定したアル・ベン抽出物の ABS 曲線の 280〜290 nm のピーク値である。

具体的な L*a*b* を調べると、図4-2 の範囲では L*64.2、a*−4.62、b*14.9 程度、2月以上経過して、L*71.4、a*3.27、b*23.3 程度となり黄味がでて、光の反射も少しでてくる。匂いの減少は L*a*b* の青味では十分説明しにくいが、ABS ピーク値の低下の方が傾向が似ている。染土も匂いに関係するといわれる。

さて、イグサの伸長は茎の基部にある分裂細胞が新生細胞を上につみ上げて、先端が伸びてゆく。茎径には太い、細いの2種があるが、先端を押さえれば抵抗少なく曲げられる。

バットに洗浄した砂を入れ、ガラスを通して日射のある室でアカマツの種子を発芽させた。成葉の展開を期に、過リン酸石灰、硫安、硫酸カリなどを通例の1/5量を適用した。その後畑地に移植し、後述の実験に供するが、この間、針葉を調べた。針葉の先は伸長が進むと鋭く、たとえば、2葉のうち1本を他の葉身に刺して輪を丈夫に連ねることができた。弱った針葉ではこれができない。つよい葉のシュートは動物や昆虫の餌になりにくいらしい。したがって、輪が弱いシュートの防備が弱く、マツ枯れを早めているのだろうか。マツノマダラカミキリ、マツノザイセンチュウによる被害はよく知られている。

水辺の林近くが魚の住みか、沼のアシ、マングローブに魚が集まるといわれる。アカマツの高台から眺められる瀬戸内海は魚の種類が多い。カキの養殖場のある背景の山には林がある方がよい、魚つき落葉樹林に、マツも一役を担っている。東北地方でも同じことがある。瀬戸内の反対側の鳥取地方では、大山と中国山地のすそにアカマツ、海岸線に沿うクロマツ林は雨水、鉱物質を含む山地の水をとおし、里地の農業、生活の排水の少しはフィルターになるのだろう。近くの海域ではマツバガニ(ズワイガニ)がとれ、ベニズワイガニから木材のセルロースとほとんどそっくりのキチンが抽出される。健康食品のグルコサミンはこれから得ることもできる。

深い海に住んでいるマツバガニは市場で見るつやのある赤紅色と反対に暗く冷たいところを好む。足は赤松の針葉のように細くとがっているし、ベニズワイガニからキチンをとる前に、アカマツの樹皮の色のような赤色の色素を抽出すると、透けて黄味のあるフィルム片のような外殻にかわる。

4．アカマツ材の接線収縮率

私は新入生のオリエンテーションのとき、木材中の親水基を化学結合でかため、接線方向の収縮率を小さくする話をした。JISの方法を説明するが、心の中では困っていた。

退職後、円形に近いアカマツの木口面を飽湿状態からシリカゲル乾燥状態にして、それぞれにおける年輪の長さを測定した。その結果を **表4-1** に示した。

年輪方向を接線方向に近いとすれば、多少とも半径方向の成分が重なってくる。年輪を円とすると、飽湿、シリカゲル乾燥の半径をr_w、r_s、半径および円周方向の収縮率は、$\alpha_r = 1-(r_s/r_w)$、$\alpha_c = 1-(r_s/r_w)$、ゆえに$\alpha_r = \alpha_c$である。これはアカマツのような円形に近い幼齢の樹幹で成立する。また、アカマツ大径木のロータリレースの辺材の部分でも、年輪に沿う接線が引ける。

岩手県では立派なアカマツ材が市場に出まわっている。樹心を含まない挽材ではもはや半径方向は消失し、放射組織の放射方向に依拠する。年輪に沿う接線も刻々と変化し、板面方向に種々の角度で交叉する。等高線マップを見ているようで、成長応力が解放された材面は断層のようで、節の状態が観察される。節の見えない部分、含水の分布は(超)音波でパターン化もできる。

表 4-1　アカマツ樹幹面の平均収縮率（α）

含水率(%)		29.4→4.7	
		半径方向	年輪方向
直接法	α(%/%)	0.122〜0.185	0.146〜0.192
コピー法	α(%/%)	0.163〜0.169	0.164〜0.177

（注）年輪方向：年輪を短い直線の集まりとみて、その和を求めた。飽湿処理した試料を直後に測定する「直接法」と放湿をさけるためコピーする「コピー法」を用いた。

前述のロータリに 30〜40 cm 径の生丸太をかけると少し赤味の心材と白々とした辺材が帯となって現れ、アカマツの晩材は早材の端に厚い細胞壁でレンガを積んだような細胞で形成される。色は赤茶で白い早材とコントラストがよい。

樹皮に近い辺材の薄板（レース）は年輪の方向に近く接線が引ける。しかし平均収縮率は 0.2〜0.3(%/%) となってくる。これには引張の成長応力の解放、接線壁のMFAが急傾斜のため、接線方向の収縮ポテンシャルが大きい。半径方向では放射組織の抗収縮作用の働きなどが原因している。すなわち、接線＞半径となる。

樹皮に近い生の辺材は含水率が高いので、カビがつきやすい。とくに放射組織、水平樹脂道には、栄養代謝物質が含まれる。ライフサイクルの早いカビはすぐに発育する。アカマツでは青変菌で汚染される。

この種（注3参照）の菌は水分が多いと材面、材内部で発育するので、私の小試片では、辺材を水洗いの後、布ぶきし、アルベンで放射組織に沿って洗い、乾燥した。実用的には早く乾燥することと酵素と代謝で汚染したところは局所的に状況に応じた手当が必要である。なお、アカマツの利用は文献[4]を参照されたい。

【注3】　西本氏によると菌類は下のごとく分類される[5]。

菌類 ┬ 変形菌類
　　 └ 真菌類（菌類） ┬ 藻菌類 ┬ 鞭毛菌類
　　　　　　　　　　　│　　　 └ 接合菌類
　　　　　　　　　　　└ 真菌類 ┬ 子のう菌類
　　　　　　　　　　　　　　　 ├ 担子菌類
　　　　　　　　　　　　　　　 └（不完全菌類）

要点を書けば、真菌には下記のようなものがある。

・カビ ┬ 有害なもの、木材変色菌
　　　 └ 有益なもの、イースト菌など
・担子菌類、木材腐朽菌、キノコをつくるもの

第4章　アカマツ

[補足1]

　アカマツの実生を探して山梨県を歩いたとき、JR小淵沢の手前の長坂、日野春の中央線に沿う林道ではアカマツ、サクラ、クヌギなどの木立があった。前記した舞鶴マツは健在であったし、遊歩道にはオオムラサキの観察地があった。10年ほど前、7月末に念入りに探したが、あの国蝶の姿はなかった。蝶標本センターの話によると少し時期が遅かったようである。

　古いことになるが、少年の頃、カブトムシ、クワガタを採りに東山に出かけた。京都三条から大津市に抜ける東海道に九条山駅（1997年、地下鉄東西線開通によりなくなった）があって、その裏山は雑木が多かった。樹液のしたたるクヌギに蛾に似た紫色の蝶を見つけ、後でオオムラサキと教わった。

　毎年、韮崎市より深田久弥記念祭の案内状をもらうと楽しい思い出がよみがえる。通常は送迎バスのお世話になるが、ある年登山口まで歩いた。茅ヶ岳のすそ野は広く、あちこち道に迷ってかなりくたびれた。そのかわり、リンゴ、モモの植林を見、頭に雪をのせたら八ヶ岳のようなこの山の頂を仰いだ。

　山ろくには雑木林があり、ちょうど4月頃、山菜が採れる。土地の人に、コゴミ、アズキナなど教わった。ときにはタラの芽、木の芽があるらしい。若い芽をおひたしや和え物にする。ずんずん登っていくと、ミツバツツジ、ツガ、カラマツなどが多い。人の列を離れて展望すると南アルプスの絶景がひろがる。

　私は遠方が見えないので単眼鏡で岩稜とががとした山骨をスケッチした。時間を費やたので、下山しながら木々や草の芽を確かめ、見ているうちに、道なき谷筋に迷う。よく案内の村の人に助けてもらった。

　積雪で保護されていたのか、膝まで入る落葉の保存状態がよかった。雪がとけると、コゴミやワラビの山菜が水分を吸って芽生えるらしい。エノキの落葉の中ではオオムラサキの幼虫が育ちやすい。さらにあたりにクヌギなどがあれば条件にかなう。韮崎市の北端で、釜無川を甲州街道（国道20号線）が横切っているあたり、穴山橋のたもとの土手に立派なアカマツ林がある。水害を防ぐために植林された。もとは砂礫層に植えつけられ、豊かな水分を吸収して生育してきたのであろう。茅ヶ岳のすそ野の水系を地図で見ると釜無川に流れ込む川筋が見られる。雪解けの水は周囲を潤し、アカマツの実生を育てる。あちこちのアカマツの小木立のオリジンになったと想像してみた。昔、頼朝が庭に6本のマツの芽を見つけた。大層喜んで、お宮に移植させたという。

[補足2]

　1章のヒノキの新葉の香り成分、4章のイグサでは香りの持続性を記述した。匂いの種類と認識、その機序にはふれていない。

嗅上皮の表面の粘膜に匂い分子がぶつかると、嗅細胞に吸着される。匂い分子はテルペン、エステル、アルコール系などであるので、上皮は油性、水性であると吸着が起きやすい。匂いの伝達にはイオンチャンネルの考え方が理解しやすい。細胞のイオン、機能性タンパク、酵素などがつぎつぎ機能する。匂い分子の原子団、基の電子のずれが嗅細胞(嗅神経)に電気的インパルスをおこし、嗅覚中枢に伝えられる。

さて、私達のその後の実験[6]を紹介する。脂質2分子膜を模擬した合成2分子膜を水晶振動子にはり、匂いセンサーがつくられている(相互薬工、SF-105)。匂いの物質1ngの吸着によって約1Hzの振動数が変化する。振動数のずれ量から吸着量を求めた。200 cm³の試験ビンにオイゲノールあるいはβ-ミルセン10 mgを封じ、SF-104を用い、10分おきの吸着経過を測定した。吸着はm:吸着量、t:時間とすると、$m=Ae^{Bt}$で表す。A、Bは定数である。

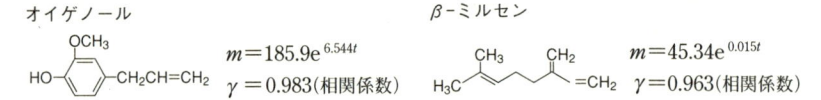

オイゲノール

$m=185.9e^{6.544t}$
$\gamma=0.983$(相関係数)

分子量(MW)=164、沸点(bp)=237℃
クレーブ油より分留、エタノール易溶、チョウジの刺激臭、化粧品、医薬品

β-ミルセン

$m=45.34e^{0.015t}$
$\gamma=0.963$(相関係数)

分子量(MW)=136、沸点(bp)=167℃
ゲッケイジュより抽出、エタノール易溶、β-ピネンの熱分解によって生成、中間体、セッケン香料

匂いの瞬時の吸着はAの大小、時間のかかる吸着はBで示される。刺激臭の強いオイゲノールのAはにぶい香気のミルセンより大きい(ゲッケイジュの葉をやぶると、シューとした刺激になる)。

私たちは森林浴の成分をA、Bで分類した。しかし、A、Bで「よい匂い」を定義できない。脳波(α波の生成)、血圧の安定、味覚との関係(レモン、パイン、ミカンのような匂い)などがその因子になる。また、作業能率を高め、疲れない雰囲気に漂う匂いも含まれる。

イグサの場合、染土が色や匂いに関係する。私は成分の分析を行ったが、無機の土質と付着している有機物が関係するようだ。これらとイグサ成分(植物+根から吸収した無機化合物)の乾固によってかもし出される匂いである。成分の衛生的トラブルはこれまでない。

● 参考文献

1) 原田　洋、磯谷達宏:マツとシイ、丸善書店、p.84 (2000)
2) 山中二男:日本の森林植生、築地書館、p.73 (1979)
3) 栗原　浩編:工芸作物学、農山漁村文化協会、p.71 (1984)
4) 東野　正:木材工業、**50**、255 (1995)
5) 西本孝一:材料、**28**、1022 (1979)
6) 谷口陽子:東京農工大学農学部卒業論文(1996)

第5章 ブ　ナ

1．ブナ林

　作家田山花袋の日光戦場ヶ原の紀行の一文を紹介する。
　「早春で残雪のある小径を辿っていくと、馬を追ってきた村娘に出会った。髪に一輪のヤシオツツジをさし、紅が美しかった。」
　同じ季節、私は車窓から奥日光を巡った。手入れされた茂みに紅が点々と咲いていた。

1）男体山

　午後、男体山の山麓付近のブナ林を歩いた。下山者が途絶えると、時々風が梢を騒がせ、枯葉の音がした。もしも音のハーモニーを考えるなら、まだ開葉していない枝々では、モーツァルトのヴァイオリンやピアノの協奏曲、樹幹の風圧のエコーはベートーベンの荘重な曲相になるだろう。見まわしても私1人の孤独と、風のすぎた後の暗騒音のような静寂は私の心をJ.S.バッハの宗教的音域に導く。多少の救いを求めたのだろうか。
　最近、三宮氏のエッセイ"命の音が聞こえる"が発刊されると聞いた。樹木から発信される音を鋭い感受性でとらえたものだろう。私は1年前の体験を思い出した。
　いま、ブナの10mくらいの立木を仮定する。幹も細く、枝も少ないとして、風で少し（根元を固定端として）振動し始めた。振動数fは、樹高をℓ、幹中の音速をcとすると、

$$f = c/4\ell = 2000 \mathrm{(m/s)}/4 \times 10 \mathrm{(m)} = 50\,\mathrm{Hz} \quad \cdots\cdots\cdots\cdots (1)$$

　ここで、ブナ乾燥木材の音速が4500 m/sであるので、幹の音速は約1/2になると仮定した。幹から枝が1mくらい伸びている場合、(1)式のℓを1mとおけば、$f = 500\,\mathrm{Hz}$となる。人の可聴音の最小値は400 Hzであるから、50～500

Hz は聞き取りにくい。ガムラン音楽(古代民族音楽)は超低音域を含み、リズムの特徴となっている。開葉のないブナ林にこのようなリズムがあるのだろうか。他方、交通騒音の一種で、自動車と橋、道路で発生する低周波音が住民の苦情になっている。

積雪が少ないとき、または夏の渇水期に、ブナの樹幹に耳をあてていると、何か幹の中で、音がするという。私も聴診器で調べてみたい。根→幹→葉という水の流れが、水の不足で水脈が断続して、音が出るらしい。受信に感度のよいセンサーが開発されているので、音の検出は容易に思われる。

若葉のブナ林は閉鎖林であっても、林内は明るい。雨は樹冠の下でも落ちてくるし、他の樹木に比べて、幹を伝わる水量が多い。白い樹皮(他の植物)を潤し、小さな音をたてて地際に落ちる。小川のせせらぎ、岸の小舟によせる波音などと共に、周波数分析すると人の心を穏やかにする脳内物質のドーパミン、セロトニンと関係する。

2) 玉原高原

梅雨もあける頃、沼田—玉原高原(群馬県)—水上を歩くと、伸長成長した枝々に葉が茂り、樹冠の上部をおおい、勢いのある林に出会う。豊作の年には、花の後にたくさん結実して秋には種子が母樹の周りに落ちる。それは数百〜千(以上のときも)/m^2 といわれ[1]、翌年、実生は0〜21%の芽生えになるという。たとえば 1,000 個の種子から 130 本/m^2 芽がでる。実生がその年生存するのは水上(谷川岳)のブナ林で13%というように激減する。周知のように、虫、鳥、動物などの食害、菌害のほかに地床の状態、光量不足、適さぬ気象のため枯死する。この中で、地床のササを除いたり、間伐して日射を調節することができる。私は現地で高さ50cmくらいの稚樹を見つけた。図 5-1 は前田禎三氏(元国立林業試験場)らの解説である。

光量と稚樹の生存の関係は葉のデンプン量の推移を調べるのが一つである。木が大きくなって、陽葉と陰葉に区別できるとき、同化箱を用いて光合成量が調べられる。たとえば、樹高 26 m と 16 m の、乾物当りの光合成量は各々(陽と陰)、8,040 mg CO_2、7,514 mg CO_2 のごとくである[1]。

春季、芽が伸び、開葉する頃大きい道管ができ、水分が供給される。水の表面張力による上昇高 h は、道管径を 400〜40 μm とすると、$h = 2\gamma\cos\theta/r\rho g$、$\gamma$：

第 5 章 ブ ナ　　69

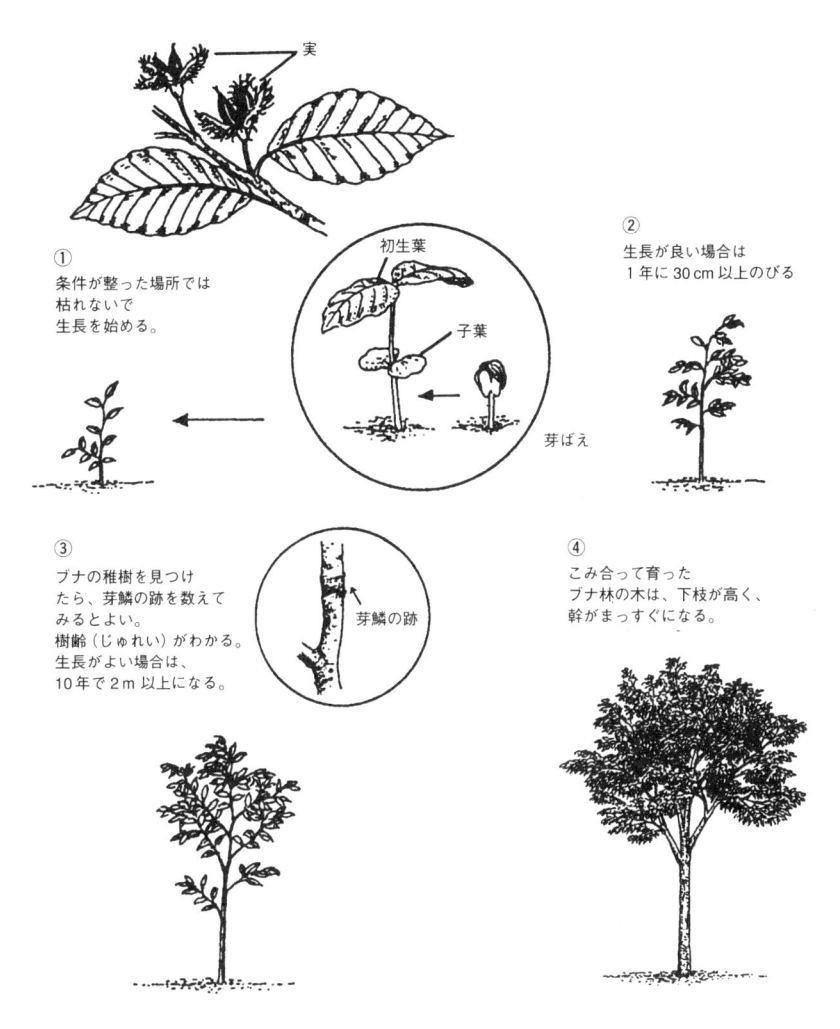

図 5-1　ブナの芽生えから①→②→③→④（前田・大内氏の解説から引用）

①条件が整った場所では枯れないで生長を始める。
②生長が良い場合は1年に30cm以上のびる
③ブナの稚樹を見つけたら、芽鱗の跡を数えてみるとよい。樹齢（じゅれい）がわかる。生長がよい場合は、10年で2m以上になる。
④こみ合って育ったブナ林の木は、下枝が高く、幹がまっすぐになる。

表面張力、θ：内壁への接触角≒0°、r：道管の半径、ρ：水の密度、g：重力の加速度から7.6〜76 cmとなり、1 m以下である。水の流れが葉までとどくには気孔の蒸散作用による負の圧力が原因しているらしい。陽葉の水ポテンシャルは−2〜−3 MPaともいわれる。水分は光合成、生成した糖の転送生理に関わる。春季に生成した道管のまわりの繊維状仮道管、柔細胞、放射組織には水分が多く、

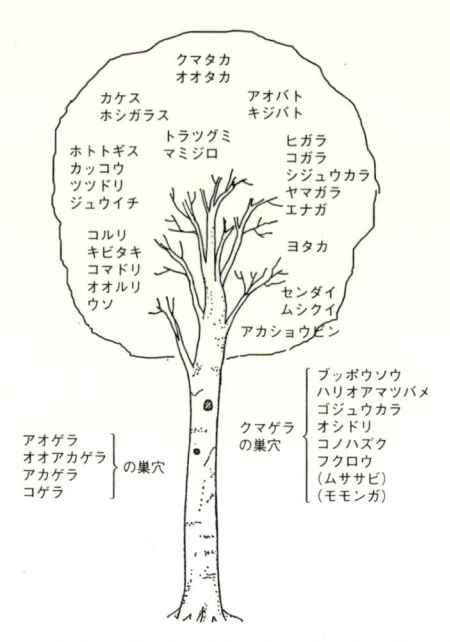

図5-2　営巣、採餌、さえずりなどにブナの樹を利用する野鳥[2]

道管の水の上昇を補っているようだ。また、これらの細胞の内腔径を $10\,\mu m$ とすると、h は3.0 mになる。ブナの組織は水分生理、代謝に都合よくできており、耐陰性がよいのだろうか。しかし稚樹の被陰は枯死を早める。

3）夏緑林

夏から秋のブナ林は夏緑林の名のとおり、夏の涼風による葉ずれは心地よい。石鎚山(愛媛県)、芦生(京都)のブナ林は登山や植物採集の疲れを癒した遠い日の記憶である。奥日光、鳴子(宮城)のブナ林は秋、黄葉、紅葉が美しかった。岩木山(青森)のブナ、白神岳から眺めたブナ林は文化的立場も含めて著述が多い。秋田の県南もブナが分布し、とくに田沢湖以北の山々(森吉山)にも密度が高い[2]。在来の鳥(図5-2)、北へ帰る鳥、南へ渡る群れが健全で、人と友好であってほしい。また、熊(とくに、オス)と人との係わりは小熊ほど共生的におだやかでない。

4）赤城山

初冬のブナ林は山岳では落葉して裸木である。日だまりの暖かな日、赤城山(群馬県)を歩いた。広い山麓と中腹は深い森林が発達し、この地方の小学校では

第5章 ブナ

写真 5-1 尾瀬の林
(注)樹木は枝葉というが、葉を落とした姿は樹形と成長の履歴がよくわかる。ヒメシャクナゲ、ニッコウキスゲの湿原、沼の周囲には上のような林が早い秋に寂寞として続く。シラカバ、ブナ、ミズナラ、少し高度を増すとダケカンバ、オオシラビソなど。少し紅葉を残すナナカマド、ウルシに雪が舞う頃、やがて翌年5月まで白一色の景となる。

森に関わる教科がある。駒ヶ岳、黒檜山まで登ると、ミズナラ、ブナに対してツガ、ツツジの低木類がまばらな植生を形成した。下山の14時頃突然東風が吹き出した。低木の枝につかまり、這うようにするが、前進できない。上州の空っ風であろうか、骨の芯まで冷え、やっとビジターセンターへ、大げさだが、生還した。北村氏によると[3]風の強いブナ林は危険である。枝が折れ、根ごと倒されるからである。中径、大径のブナ材の木口面を見ると、白い斑点様のつやがある。いわゆるG層で木繊維の内腔にセルロースが生成され、幹を補強している。

枝分かれが多いブナの自重のバランスを保つために随所に形成される引張アテ材である。風の強いとき、幹が折れぬよう自己調節しているが、土質が弱いと根倒ししやすい。熊が若木を倒して根を食べるといわれる。

5）尾瀬とつくば山

夏には湿原を賑わした花々も、秋にはエドリンドウ、ナナカマドの紅葉を惜しむほどに減るのが尾瀬である。周囲の山地（燧岳、至仏山など）は、ごつごつした登山道で、ブナの根が道を横切るところもある。日長が短くなり、早い積雪によって、ブナは休眠状態になり、凍害に耐えている。また、つくば山のブナ林は茨城

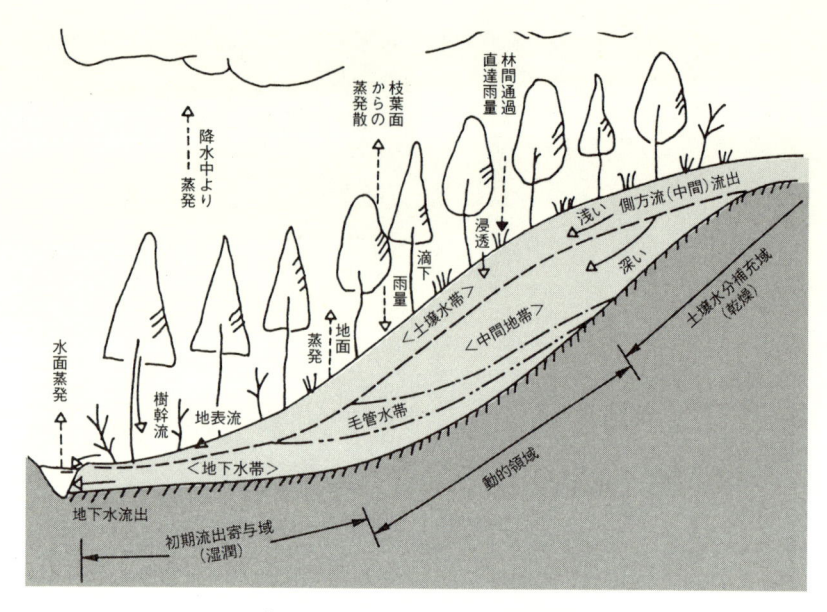

図 5-3　森林生態系における水循環模式図 [1]

　県の天然分布の南限で、山頂の日当たりのよい風のあるところにも自生している。
　尾瀬もつくば山も古い地層の山である。前者は積雪で冬の水環境が保持され、後者は降雨の少ない冬季でも、ブナ林を歩くと湿潤を感じるほど落葉が積もっている。図 5-3 に森林生態系の水環境を示す[1]。雨水の流下、山麓の湿潤と蒸散の循環の環境はつくば山でも成立する。南斜面にはスギ、ヒノキのほかにナラ、ツツジ、クヌギなど広葉樹も多い。麓では、茨城県では珍しくミカンの栽培がなされる。昼間、暖められた空気が山腹に下りてくる(山腹温暖帯)。蒸発した水蒸気が濃霧に変わるのは初冬である。北斜面も植物相が続き、加波山へ低山がつづく。低山には支脈のように浅い谷があり、所々のずり場には、かつて宝石の類が見つかったといわれる。私が歩いたとき、シャベルカーが土手を崩していた。散らばった石片に、ブナの種子の化石があるかなと思った。

2．ブナ材とは
1）湿気、熱に対する性質
　卒業して、梶田茂先生のゼミに加えていただいた。そのとき、ブナ材が用材、

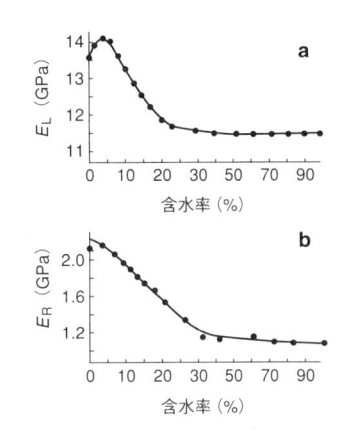

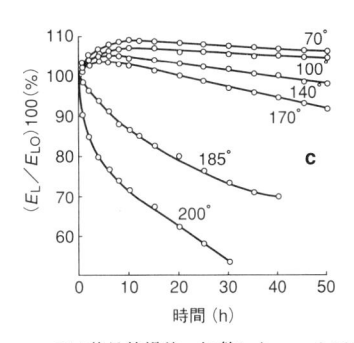

図 5-4　ブナ材のヤング率への水分と熱のかかわり

cでは薬品乾燥後、加熱した。a、bでは自由水は細胞の水可溶成分が溶脱する。cでは細胞壁成分が変質する。

生活資材まで使われると聞いた。1960年頃の話である。東北や関東では、米作地域とブナ林の分布が重なっている。ブナ材の水分吸着等温線はBETの多層吸着式にあてはめられる。小松氏は水の2分子層以上の吸着状態で式への適合がよく、単分子層の吸着水の含水率(Vm)は3～6%とした[4]。私はブナ材で、5%くらいの水分状態のとき、ヤング率が最大になると思っていたので、同氏のVmと重なって注目した。

2人はブナ材を加熱前処理してVm、E(ヤング率)を求めると、Vmは小さくなる傾向とE(図5-4)は140℃(10 h)までは未処理より大きくなった。しかし180℃以上の空気加熱によってブナは著しく脆化した。熱質量分析TGを調べると、250℃付近より質量減が始まり、300～350℃で急減し、400℃ではもとの40～30%、500℃で20～10%へ低下する。この実験のブナは80メッシュくらいの粉末を5 mg程度を熱に安定な白金セルに入れてある。大きな質量減のある、つまり熱分解がはげしいときは発熱してセル以外の他の部分より高温になっている。他の部分に標準物質を置き、温度差を求めたり(示差熱分析DTA)、発熱して放出されるエネルギーを定量したり(示差走査熱量分析DSC)する。TG曲線よりアレニウスの活性化エネルギーを求める手間を省ける。粉体試料の中の細胞の種類は微粉、粗粉メッシュによって変動する。粉末化は切削型あるいはIR用粉末作製器、乳鉢などを用いる。晩材の木繊維は一定の微粉になりやすい。他方、化学成分の相

違、すなわちホロセルロースは250℃付近、ヘミセルロース(混合物)は120℃、(ジオキサン)リグニンは180℃あたりから質量が減少する(ただし、単離法の影響が大きい)。コットンリンターのTG曲線は磨砕を高めた晩材のブナの主熱分解の経過に似ている。

2) 木炭との比較

K大学の木炭の研究家が私達に加わり3人が手を黒くした。ただ、私は炭が私の加熱ブナと違ってレベルが高く思えた。その時までに私の得たものは、①水分や温度によるEのピークは乾燥法につながった。②ブナの吸水はダルシー・ベルヌーイらの理論につながる、などである。

1990年頃、炭化工業の会社から黒豆の大きさの木炭がとどいた。「床下の湿気とりに使いたい。どう思いますか」と問い合わせてきた。早速、吸着等温線をつくり、Vmは下の直線式を用い算出した。

$$P/V(P_0-P) = \{C-1/VmC\} P/P_0 + 1/VmC \quad \cdots\cdots\cdots\cdots (2)$$

P、P_0：水蒸気圧、飽和水蒸気圧、V：含水率、Vm：単分子層の吸着点が水分で飽和されたときの含水率。C：吸着熱に関する常数。

26℃におけるP/P_0 vs Vの測定では、V(%)は0.80(33)、0.93(46)、1.12(56)であった。( )は相対湿度(%)である。(2)式は直線的に変形されているので、直線性を確かめ、$Vm=0.6$、$C=5$が得られた。検算のため、$P/P_0=0.4$、0.8を代入してVを求めると、それぞれ0.8、0.9(%)となった。

試料の黒炭はナラ属といわれるので、近縁のブナと比べると、4〜5%(40%RH)、14〜15%(80%RH)のように含水率差は大きい。これから黒炭は極めて疎水性である。湿度の高いところ(床下)でも物理的に吸湿しない。**表5-1**は材料のある空間に水蒸気が流入、あるいは排出されたときの加湿または脱湿量である。床下の湿気を吸込むので、ブナは有利にみえるが、カビや腐朽の心配がある。黒炭の方がよいだろう。

木炭を汚れた水中に浸すと、着色や匂いがいささかとれることは以前から知られている。TGの測定中、ヘリウムまたはチッソ気流中に逃げるものは、原子(活性状態のO、Hなど)、分子(H_2O、CO_2、CO、CH_4など)、イオン(OH^-、H_3O^+など)、基($-CHO$、$-CH_3$など)と共に多くのラジカルなど無数である。

製炭でもCO、CO_2をはじめ、同様の気体が発生するが、木酢液を留出し、最

表 5-1 5×5 cm² 表裏からの吸放湿量

材料 素地面	厚さ (mm)	吸湿 mg/25 cm² 33→98% RH 24時間	放湿 mg/25 cm² 98→33% RH 30時間
ヒノキ(柾目)	5.0	320	277
ブナ(柾目)	5.0	418	360
コンクリート(ポルトランドセメント)	4.0	180	98
土壁(しっくい)	6	122	111
黒炭	約10	55	42
ポリ塩化ビニール(シート)	3.5	28	26
アクリル樹脂(シート)	5.0	107	99
合板Ⅰ類(3プライ)	5.5	242	237

(注) 所定時間における吸放湿量。平衡値を得るには放湿の場合、さらに時間をかける。
ヒステレシスにも要注意

終には95％以上のCの多孔体を生成する(Na、Kなどのミネラルを含む)。発達した毛管は空気中の悪臭を吸収する特性があり(矢田貝光克氏、前出)、山野井昇氏(東大医学部)は健康科学の立場で、木炭を評価している(たとえば皮膚の抗酸化作用)。

3．ブナ材の利用

1970年頃はブナ材利用の立場で、床としての性質を調べていた。**表 5-2** は当時のものをほとんどそのまま引用した。市場には熱帯材が多く(これは、東南アジアの森林生態系の破壊)、まだ良材に恵まれていた。**表 5-2** のとおり組織と性質を結びつけようとしているが、ブナでなければという何かがと自問していた。

ブナ材を用いた家具工業を知っていた。トーネット法で、厚板を曲げ椅子の座、背、脚などを作る。ブナ板に帯鉄をあてがい、鉄側を曲げの引張側に、ブナを圧縮側にして、曲率半径を小さくする。その機構は鉄板の大きい引張力を利用して、ブナ材のひずみ分布を圧縮側にずらせる。ブナ材を蒸煮・可塑化して曲げ、曲率を保持したまま乾燥する。可塑化によって生じていた応力が早く緩和する。曲げ型(治具)を取去っても、乾固されて曲げた状態で保たれる。

木材の応力緩和を細胞壁について調べたことがある。引張して一定の伸びに保つ。細胞長軸に沿うセルロースの040格子のひずみは、引張によって伸びるが、緩和が生じてくると縮みだす。これは040格子をバネと仮定すると、細胞軸方向

表 5-2 ブナの床材としてのグレーディング

ブ　ナ			使途：床（室内）性能比較の対象：本邦産広葉樹と若干の針葉樹					55点
組　織 (判定)	比重 (大)		道管要素率 (小)	道管・比重の分布（均一）	木　繊　維			
					直径(小)	壁厚(大)	膜面積率(大)	
	△		△	△	△	○	○	14
材　質 (判定)	狂い		保温(大)	弾性(大)	曲げ強度 (大)	衝撃吸収 (大)	板・柾目の硬さ (大)	
	2次元変形(小)	T/R (小)						
	×	×	△	○	○	○	○	16
加　工 (判定)	乾燥性		加工性	接着性	保存性	その他	経済性	
	△		△	△	×		△	10
耐摩耗性 床弾力性 (判定)	樹種間の比較				表面処理による改良		他材料と性能比較	
	JIS A 1451		JIS Z 2141	テーバー法	塗　装	WPC	跳躍・接地弾力性　タイヤ試験	
	○		○	○	△	△	○	15

（注）判定の方法はたとえば保温性が大きいほどよいから、（大）であれば○印（3点）となる。△印（2点）、×印（1点）として計算する。2次元変形とはRとT方向の収縮率の和。合計はカバ、カエデより低いが合格。

の力が緩み出したことになる。バネに接続しているのはマトリックス（ヘミセルロース、リグニン）、ミクロフィブリル間層のずれも加わるであろう。圧縮側ではバネが縮んで応力を発生するが、時間の経過と共に伸びて、力を緩和するようだ。

　曲率の型を2次元につけて、椅子の座をうすく凹状にもできる。ブナに替わって熱帯材も使われたが、ミズナラ、シデ類も用いられる。水を含んだ角材をマイクロ波にて軟化する方法もある。

　ブナ材がちゃぶ台、小机、家具の部分にも用いられてきたことを考え合わせると、四方に枝をのばし、自重に耐えていた樹幹の特性が生かされている。生命を失っても人や物を支持している。私はブナ材の椅子という機能の奥に潜む近親に共感した。長い歴史を刻んできた立石寺（山形）もブナ材が支えている。

4．接着への展開

　家具工業の技術の一つに、化粧板を表面にはる方法がある。長期の使用によって、端部が剥離する例がある。剥離部分は反っているので、粘着テープをはがす感覚だが、やはり破壊力学における開口型破壊になる（注1）。化粧板と台板の間に粘着物質をはさみ、開口していくと納豆の糸を引くように面に垂直に力がかか

第5章 ブナ

表 5-3　接着の破壊靭性 (G_{1C})[5〜7]

接着剤	DCB×10 (J/m²)	TDCB×10 (J/m²)
ユリア	18〜22 R (F 10 pt) = 「充填剤 10部添加」 {HC : 〜16 B : 〜0	20〜24 D (F 20 pt) 34〜40 K (F 10〜20 pt) 35〜43 K (PV 5〜10 pt)
ユリア・メラミン	20〜25 R (F 10 pt) {HC B } 12〜14	38〜46 K (F 10〜20 pt)
フェノール	17〜21 R {HC : 〜22 B : 〜20	48〜570 D (PV 10〜20 pt) 39〜51 K (PV 5〜10 pt)
レゾルシノール （フェノール・レゾルシノール）	27〜32 B	21〜39 D 40〜50 K (PV 5〜10 pt)
PVA_C（ポリ酢酸ビニル）	54〜63 R {C : 〜35 CD : 〜44 BCD : 〜14	36〜48 D
PVA・MDI （水性高分子イソシアネート）	35〜45 R {C : 40〜50 HCD : 35〜55 BCD : 15〜23	60〜70 D (MDI 10〜20 pt) （EPIとしてアメリカで市販）
デンプン	〜12 R 30〜40 R (MDI 30 pt) {C、HD : 〜18} (MDI 30 pt)	〜15 D (MDI 20 pt)

(注) R：レッドラワン ($r.0.48$)、D：ダグラスファー ($r.0.46$)、K：カバ ($r.0.70$)、B：ブナ ($r.0.60$)。ここに、r：気乾比重、rがかなり違うので、G_{1C} の偏っている値は除外した。R、D は板目接着、K、B は柾目接着。F：小麦粉（充填）、PV：PVA（DP：2,000、けん化度 80％）、pt：部。〜は約の意味。
前処理、C：24 hr 冷水、CD：24 hr 冷水→60℃ 3 hr 乾燥、HC：70℃ 温水 2 hr→冷水 24 h (HCD では) 60℃ 3 hr 乾燥、BCD：煮沸 4 hr→冷水 24 hr→煮沸 4 hr→60℃ 3 hr 乾燥。{ }：前処理。

る。(注1)に示したように、破壊によって解放されるエネルギー (G_{1C}) として評価がなされる。1970年頃よりブナの大径木が目立って少なくなった。家具工業でも次第に代替樹種への転換が進んでいた。私達もラワンやカバを用いて G_{1C} の測定を行った。**表 5-3** の注にそれらの気乾比重を示す。用いた接着剤も各々で合成しているので、相互の比較に難しいところもあるが、DCB と TDCB の G_{1C} を示す。結果の要点は、①比重の大きい木材の G_{1C} は大きくなる。②DCB では未接着の底の接着状態が影響する。①、②を前提として、③剛性のある熱硬化樹脂系に対して粘弾性効果のある PVA 系の G_{1C} が大きい。④フェノール、ユリアに PVA

を加えて調製すると、G_{1C} が大きくなる。⑤カバ材の接着剤を用いて、ラワン合板を作製して接着剤試験をすると、充填剤の効果は合板のせん断接着力より G_{1C} の方が敏感であった。⑥デンプン、ニカワ、タンニンなどの各接着剤では、G_{1C} はせいぜい 200 J/m² までで、MDI(ジフェニルメタン、ジイソシアネート)の助けが必要であった。エポキシ樹脂は 400～500 J/m² となった。

接着剤試験のデータは多いが、DCB や TDCB のような接着物試験のデータは少ない。このため次の(注1)は詳しく書いた。また DCB については文献[8]を参照されたい。

【注1】 たとえば 図5-5A の左端に垂直力 P が働き、変位 Δ を生ずると共に、亀裂 A を発生したとする。亀裂生成による解放されるエネルギー G_1 は、コンプライアンス $C(=\Delta/P)$ を用いて次式で与えられる。

$$G_1 = (P^2/2)\ dC/dA \quad \cdots\cdots\cdots (3)$$

G_1 は物体が耐えられる力学的エネルギー量ということもできる。その大小は物質の靭性の大小に対応する。

さて 図5-5A ははりを接着して 2 重片持ちにしたもので、非接着層 a を残す。その他の記号は図示のとおり。このはりの先端に荷重 P を加えて、片持ちはりに変形量 δ を生ぜしめたとき、変形量には曲げ変形とせん断変形の成分が含まれる。C は次式で示すことができる

$$C = \delta/P = 2(4a^2/bh^3E + ka/bhG) \quad \cdots\cdots\cdots (4)$$

ここに、E はヤング係数、G は剛性率、k はせん断変形するはりの形状効果(1～1.2)である。(4)式を a で微分して、(3)式に代入すれば、

$$G_{1C} = 4Pc^2/Eb^2(3a^2/h^3 + kE/4\ hG) \quad \cdots\cdots\cdots (5)$$

ここに、G_{1C}、P_C の添字は限界値(critical)の意味である。はりの E、G が知れると、クラック長さ a(これは変化する)とこれに対応する P を記録紙上で求めて、G_{1C} を計算することができる。

(5)式を次のように変形する。等方性の材料では、E は $2(1+\mu)G$、(μ：ポアソン比)であり、仮に $\mu=0.5$ とおけば、$kE/G≒4$ とできる。この結果、(5)式は

$$G_{1C} = 4Pc^2/Eb^2(3a^2/h^3 + 1/h) = 4Pc^2/Eb^2 \cdot m \quad \cdots\cdots\cdots (6)$$

ここに、m は( )で示す。m が一定値になるように、a、h を選べば、P_C だけを測定すれば G_{1C} が計算できる。$m=$ 一定の条件として、a の増加に対して、h も増加する形のはりになり、テーパーはりと呼ばれている。図5-5B に示す形状となり、テーパー

第 5 章 ブ ナ　　　　79

図 5-5　接着試片

A. 2重片持ちはり（DCB）
B. テーパー型2重片持ちはり（TDCB）

2重片持ちはり（TDCB）といわれ、これに対して図 5-5A は（DCB）である。

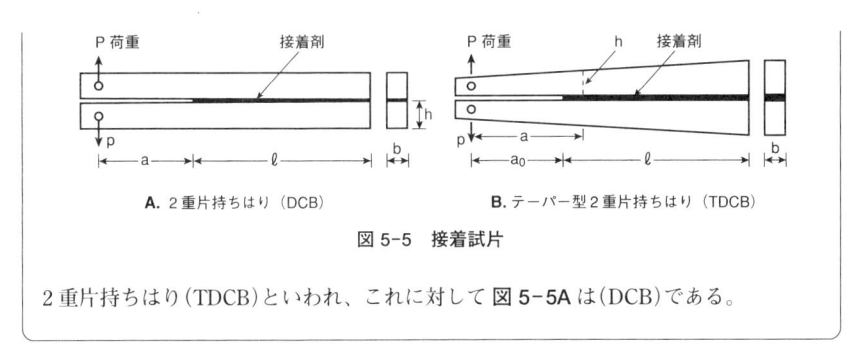

［補足 1］

本文の表 5-3 では、イソシアネート系接着剤の接着強さが水熱処理にて、低下が少なく、場合によっては増加している。-NCO基が水と反応して、固化が進むからである。アルコール、アミンなどとも反応し、下記のような結合を生じる（岩田敬治：ポリウレタン樹脂、日刊工業新聞社）。

1) 〜OH+〜NCO ⟶ 〜NHĊO〜　ウレタン結合

2) HOH+（〜NCO）$_2$ ⟶ 〜NHĊNH〜+CO_2　尿素結合

3) 〜NH_2+〜NCO ⟶ 〜NHCONH〜　尿素結合

4) 〜COOH+〜NCO ⟶ 〜NHCO〜+CO_2　アミド結合

5) 〜NHCONH〜+〜NCO ⟶ 〜N-C-N-C-N〜　ビュレット

6) 〜NHĊO〜+〜NCO ⟶ 〜N-C-N-C-O-　アロファネート

7) 〜NCO が自己反応して〜（NHCO〜）$_n$になる

［補足 2］

本文中にブナ材の供給が減少したとあるが、表 5-4 は秋田県の生産量である。

［補足 3］

ブナ材の利用は次第に減少している。用材として角材、板材が家具工業で使われる。利用率を高めるためチップ化、炭化もなされる。隣県の岩手県でも陸中北の山村で木炭（ナラ）の生産が盛んであった。その推移は畠山剛氏の調査がある[9]。

私達はリサイクル接着剤を用い、ブナ合板を作製した。ブナ単板の厚さ1mm、発泡ス

表 5-4 ブナ材生産量の変遷

樹種別素材生産量 (単位：千m³)

年度	総数	針葉樹				広葉樹			
		総数	スギ	アカマツ クロマツ	その他	総数	ナラ	ブナ	その他
昭和40	2,015	1,616	1,356	91	69	499	40	303	156
50	1,514	963	883	50	34	547	22	172	853
平成元	1,212	933	863	47	28	274	17	56	201
10	706	586	543	24	19	120	6	17	97

ご提供された秋田県に謝意を表します。

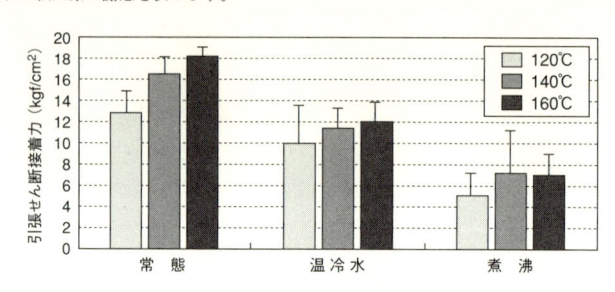

図 5-6 ブナ合板における圧締温度と引張せん断接着力との関係（蓑田哲宏、鈴木正治）

チロール板の厚さ 3.7 mm、密度 0.045 g/cm³。単板の間にポリスチロールをはさみ、熱圧した。120〜160 ℃、2.6 kgf/cm²、10 min とした。

図 5-6 は引張せん断接着力である。温冷水処理までは JAS 規格値（9 kgf/cm²）を満足している。接着はポリスチロールの融解によるが、両面にフルフリルアルコールを塗付してもよい。もちろん、ポリスチロールは食品の廃品である。

● 参考文献

1) 村井、山谷、片岡、由井 編："ブナ林の自然環境の保全"、KK ソフトサイエンス、p. 64、236 (1991)
2) 梅原 猛ほか編(市川健夫、四手川網英ほか)："ブナ帯の文化"、思索社、p. 11 (1985)
3) 北村昌美："ブナの森と生きる"、PHP 新書 048、p. 157 (1998)
4) 梶田 茂、山田 正、鈴木正治、小松一雄：木材学会誌、7、35 (1961)
5) 鈴木正治、A. P. Schniewind：木材学会誌、30、60 (1984)
6) 岩切俊一、鈴木正治：木材学会誌、32、242 (1986)
7) 岩橋 徹、鈴木正治：木材学会誌、35、696 (1989)
8) 高谷政広、浜田良三、佐々木光：木材学会誌、30、124 (1984)
9) 畠山剛："炭焼き二十世紀"、彩流社 (2003)

第6章　トドマツ・エゾマツ

1. 美幌の林

　札幌を発って、夜に美幌に着いた。もう2年前の11月初旬のことであった。車中で雪になるかもと聞いていたが、翌朝ホテルの窓から見ると一面白一色であった。積雪は案外薄かったので、屈斜路湖の湖岸を少し歩いた。湖は雲を映して遠方は白々として雪のヴェールと連なっていた。このため、裸木の枝々がくっきり造形されていた。その林は私の住まいの近くのクリ林に似ていた。シラカバを見ながら、車で自然休養林あたりを行くと、遠目であったので、不正確だが、トドマツ、カラマツのようであった。前者は樹形が美しく、樹皮にも横に並んだ筋があったし、後者は枝の積雪でも凛としていた。枝を横方向にのびやかに出して、黄葉の美しい信州カラマツとは樹形が違っていた。

　運転手さんによると、10月の初めには、ここや美幌峠で黄葉あるいは紅葉する木が多いという。私は学生の頃、朝にゆっくり美幌を登る各停に乗っていた。8月であり、窓外は緑したたる風景であった。ボダイジュのように大きな葉っぱ、タモの類を覚えている。もちろん、紅葉するナナカマド、イタヤカエデもあっただろう。その時、釧路へ向かう途中、エゾマツ、トドマツの林に出会った。

　ホテルのTVは低気圧が東方海上に去って、日本海より寒気がはいり、早い雪になったという。そういえば、雲行きが早かった。湖面に風が渡り、薄日が射したりした。すると裸木の凍った枝がにぶく光った。木の表情が変わったようだった。何時も孤独で受け身だが、春に芽を伸ばし、秋に落葉して年輪をきざむ生命は他を害することを知らない。無我の象徴的姿だ。

2. トドマツ材の特徴

　1968年頃の古い話である。トドマツの板目が色白で、緻密に仕上げられ、一定

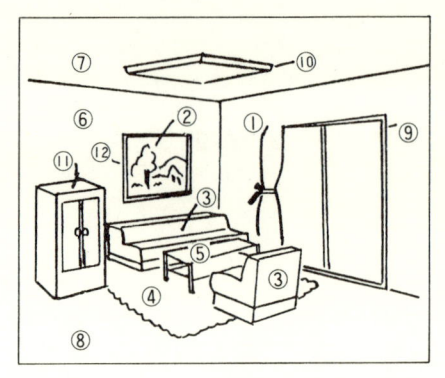

多少黄味のある白色のトドマツを⑥、⑦に貼る。

① ② 緑($a^* = -18$　$b^* = 20$)
③ ④ 薄いワインレッド($a^* = 28$　$b^* = -22$)
⑤ ⑥ ⑦ 白($a^* = -5$　$b^* = 3$)
⑧ ⑨ ⑩ 黄緑($a^* = -5$　$b^* = 30$)
⑪ ⑫ 薄い茶($a^* = 13$　$b^* = 35$)

図6-1　トドマツを内装にした応接室

の触感を与えていることに気が付いた。気乾状態で作製した板目は接線方向の膨収に余裕がある(平均収縮率(T方向)0.34〜0.37、E_T 0.43〜0.57 GPa)。すなわち、平常の乾湿によっても割れにくく、多少のひびは閉じる。この条件は内装適性があるといってよい。内装の5官設計にかなう材料の一つだ。

図6-1は応接室である。この壁、天井にトドマツを用いると、室内は明るく、床、カーテンなどと色彩設計ができる。

トドマツは心材の含水率が高い。これは樹幹の外周の成長応力を緩和し、安定に保っている。ところが生育地が極寒のため、表層が凍結して固くなり、凍裂することがある。

3．エゾマツ材の特徴

トウヒ属に含まれるのはエゾマツ、トウヒの各種(スプルース)、ハリモミなどである。世界的に蓄積が多く、建築用材、パルプに用いられてきた。ここではヴァイオリン、ピアノへの活用を記述する。

種類の違う音叉から波長が異なる波を発生させる実験を経験されたことだろう。ヴァイオリンのスチールの弦は高弾性で内部摩擦が小さいので、弓でしゅう動的に触れても瞬時に発音する。音は4本の弦の種類、緊張度、指板(指盤)や駒によってかわる。これらが音の響き、ひろがりをきめる。

一方、弦の振動は直接、固体音として表板に伝播されると共に、空気振動が表板を振動させる。表板はいくつかの面振動しているので、響板としての性質があ

第6章　トドマツ・エゾマツ

表 6-1　スプルース、メープルのヤング率 (E) と内部摩擦 ($\tan \delta$)

	エゾマツ (トウヒ属、トウヒ、スプルースなど)	イタヤカエデ (カエデ属、ヤマモミジなど)
気乾比重	0.435 (材はスプルースや ヒメコマツに似る)	0.665 (材堅硬強靱)
E_L (10^9 Pa)	8.76 (スプルース: 8〜12) 〔エゾマツ: 9.0〕〔トウヒ: 9〜10〕	12.21 〔10.5〕
E_R (10^9 Pa)	1.03	1.78
E_T (10^9 Pa)	0.52	1.31
$\tan \delta_L$ (10^{-4})	72 (スプルース: 80〜120)	146
$\tan \delta_R$ (10^{-4})	197	202
$\tan \delta_T$ (10^{-4})	244	244

(注) 伸縮振動法 10^2Hz の実測値[1]。
〔　〕: 静的曲げ試験による。
(　): *Sitka spruce* のたわみ振動法、$10^2 \sim 10^3$Hz、h/l: 0.05〜0.2 (h 厚さ、l スパン) による[2]。

る。面として固有振動数を計算するために表 6-1 に主としてエゾマツのヤング率と内部摩擦を示した。現在ではスプルースが利用されている。

側板、裏板にはメープルが用いられる。表 6-1 ではイタヤカエデについて示した。$E_R \fallingdotseq E_T$ であり、$\tan \delta$ も L, R, T でそれほど離れていない。これは方向性の少ない性質であり、堅強靱な材といえる。弦の張力を支え、厚さを薄く(軽く)しても、丈夫な支持組織をもっている。加えて、胴は中空構造であるので、力学的に安定している。この組立はヴァイオリンの音のパワーにかかわる。

糸川英夫氏(元東京大学)によると[3]、中空部分をヘルムホルツの共鳴箱のように考えられる。内容積 V の空気が圧縮 ΔV されるときの圧力 P は

$$P = -PC^2(dV/V)$$

とされる。表板に2つの f 字孔があると、それぞれによる収縮量を dV_1, dV_2 とすると、f 字型の開口部では $dV_1/V = S_1 \xi_1$, $dV_2/V = S_2 \xi_2$ のように書き換えてもよい。ここで、S_1, S_2 は各 f 字孔の相当面積、ξ_1, ξ_2 は空気塊の変位である。P は弦で生成された空気圧といえる。これには短い時間で振動数が変化するので、中空空気の共鳴としばしば重なるように思われる。表板や中空部分は4本の弦による音を補完し、音のひびきを強めているらしい。ストラディヴァリウス (Stradivarius) ほかの名器はこの楽器の構造の優秀さを実証している。製作者が最後に心魂を傾けるのが "塗り" である。塗料は天然のもの、合成のものがあるが、

いろいろ添加調合する仕上げ面は、色調、つやのほか、軽やか、乾燥性、かたい、ねばり、重みなどの感覚を生む。音の鋭さをおさえ、音に厚み・温もりを与える。

ピアノでもスプルース、カエデが用いられている。古くは鍵盤、アクションの部品、ハンマーは木製であったが、プラスチックに大部分とってかわった。それでも、スプルースの軽さと軸方向の強さ、カエデの堅さと靱性は特性となる。

鋳物の枠に硬剛性のピアノ線がはられている。ハンマーでピアノ線の弦を打つと、振動して発音する。ペタルにて倍音も発生させると音が豊かになる。振動は鋳物に伝わり、響きが与えられ、スプルースの響板にも伝播する。

18世紀のピアノに対して、19世紀では音色が改善され、現在では響きがまろやかになっている。

木製の楽器には、古くクラリネット(コクタン)があるが、今はメタル(金属)である。ハオットはカエデである。振動と共鳴がわかりやすいのは、木琴あるいはマリンバである。よく知られるように、低音より高音を出せるようシタン(ローズウッド)が並び、共鳴管も長さを加減してつける。

私はホルムアルデヒドと化学反応させたヒノキ、カバの棒状試片を不注意で実験台から数本床に落とした。すると、とてもよい音がした。音は高くメタリックで軽やかな響きであった。ヒノキのように楽器に向かないものが変身したように思えた。竹笛も連続音のよさがある。東・井上氏のしの笛の演奏をきいた。音色から、万葉のロマン、たとえば、ハギの原の家持、赤人の風情が偲ばれた。青森の三内丸山遺跡から出土した石笛の音色はやはり縄文の雰囲気であり、一方、新しいリード(振動片)のある笛は音調が豊かになる。

● 参考文献
1) 鈴木正治：木材学会誌、**25**、623 (1979)
2) 小野晃明、片岡明雄：木材学会誌、**25**、461 (1979)
3) 糸川英夫、熊谷ちひろ：東大生産技術所研究報告、**3**、8 (1952)

第7章　林からのおくりもの

1．京都盆地の林

　京都盆地は東山、北山、西山で囲まれる。古くは粟田口、鞍馬口、丹波口の方向より中央(たとえば紫宸殿)へ向かって道があったらしい。今は整備された車道が中心に集まるが、少しタイムスリップして、私の子供時代(1950年頃)には北山、西山への街道に沿って、遠足や植物採集、大学では樹木実習に出かけた。印象の残るものを少し述べよう。

　南禅寺の緑の木々を背景に、蹴上のサクラは坂上までひな壇の花模様であった。上から眺めると、

　　「見渡せば柳桜をこきまぜて都ぞ春の錦なりける」── 素性法師

のとおりであった。その頃の花色が忘れられず、後年、花の色素を抽出しようとした(注1)。

　出町柳から八瀬へ細い街道が走っている。当時はこれと平行して茂みがあった。そこでムラサキシキブに出会った。小さい紫がかった緑葉と実から平安時代の才媛の紫のえりの一重を今は連想するのだが、当時は何を思ったのか。近くでサルトリイバラが生えていた。木の名前がわからぬときはエゴノキというと当たるかもと教わったのもこの街道である。何かの因縁で昨年までエゴノキの並木を通って教室に通った。樹皮には毒性が含まれる。貴船川をさかのぼると、瀬の所々でヤナギが涼風をさそった。ホオノキや山手にゴンズイもあった。鞍馬へも足をのばし、サワフサギ、クロモジを見つけた。

　雲ヶ畑への長い街道も友人をたずねて出かけ、雑木林にアベマキ、ヒイラギそれに沢山のスギ林が現れた。

　この街道は加茂川の水系で、市内ではサクラの並木、上流になると遅咲きのヤマザクラに出会うこともあった。ここから西に半国高山があるが、近くにマユミ

の自生地があると聞いた。しかしコバノガマズミ、ハンノキを何となく「ハ」がつくので覚えている。

　北山の西寄りに周山街道がある。清滝や高雄の景勝地があり、モミジ（イロハモミジ）、イタヤカエデと清流を楽しんだ。背景はみがき丸太のスギ林である。ここから少し西の嵐山、保津川の山峡もアカマツとモミジ、すなわち緑と紅葉の名所である。もちろん、賀茂のサクラ、御室の八重ザクラ、嵐山のサクラといわれるように桜の名所も多い。モミジやサクラは平安時代より人々に愛されてきた。当時はヤマザクラが主流である。次のような和歌がある。

　「見渡せば花も紅葉もなかりけり浦の苫屋の秋の夕暮れ」── 藤原定家
「わび」「幽玄」の歌である。紅葉が美しくなるには、昼夜の気温の差が大きいことが必要である。この環境は住みにくいがそれでもこのように望郷されるとみては……。

　このように和歌をはじめ平安時代の文学は山に囲まれた自然があってこそ醸成されたと考えてもよいだろう。街道の林の文化形成のおくりものである。

　西山の老ノ坂を越えると亀岡に入る。北嵯峨では小さく見えた愛宕山が高く、大きくなる。明智越の登山道をたどると、ツルグミ、ヒイラギ、ツツジの類、そしてヤマウルシが小径に枝を出していた。私はウルシにやられ、学校を休んだ（注2）。アケビがからむけもの道を登ると、戦国時代、夏草に見えかくれするつわもの達の夢が偲ばれた。山里に近く、リョウブ、ソヨゴ、それに早や花芽のあるハギを見つけた。この街道ではユズが有名である。

　これで周囲を一巡した。樹木は私の古い記憶であるから、少数であり、街道も平安の頃とだいぶ違うことだろう。さて、市内の高い所から眺望して、不変のものは周囲の山の姿であり、その他に陸の灯台のような3つのものがある。東の吉田山、北の船岡山、西寄りの双ヶ丘である。後2者は幼児から高校の頃までの遊び場であり、前者は大学の頃に実習の場所となった。たとえば、吉田山では測量や植生調査をした。3つに共通したのはアカマツが多いことだった。双ヶ丘では最近、吉田鉄也氏ほかが詳しく調査され（注3）、樹木も結構あるのでほっとした。

　再び、平安・室町に話をもどす。3つの小山は今より広く、緑も多かっただろう。兼好法師のように草庵を作った人々もいたはずである。戦国の世相から、栄枯盛衰の無常観をもった人達は念仏をとなえ、身辺の草木に神仏が宿ると想像し

た。自然の草木が心の支えとなった。

　このように京都盆地を囲む山々、川と草木の自然が文学や仏教に関わったと私は考えている。

　これは万葉の植物と万葉人との交流(注4)、俳句の花鳥風詠などにも通じている。森林の多様性といわれるが、ここでは樹木、草本の多義性とでも区別して、形而的にしてみたい。

【注1】　サクラの花びらから種々の溶媒を用いて、うす紅の色素を抽出した。紙、木綿に直接的に適用したところ染められたが、花びらと同じ程度に変色した。樹皮から得られる染料は濃色になる。いろいろな花びらで染めると、サザンカが比較的長く花色を保持した(後述)。

　薄層クロマトグラムで成分を調べると、上記の花の赤色色素はアントシアニンとみられた。その基本構造を下に示す。

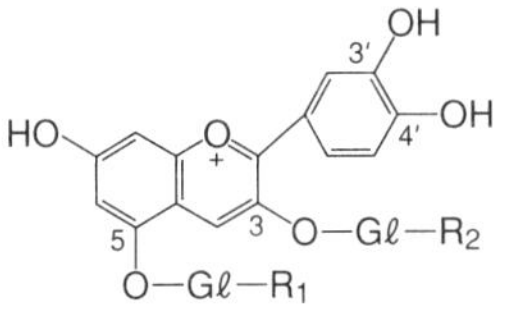

図7-1　アントシアニン

(注)
C_3、C_5 に糖グルコシド結合（Gl）をもつので、配糖体である。R_1、R_2 は末端。C_3、C_5 が OH、C_4 に ＝O の入る場合はフラボノールである。

　図7-1はモデルであり、C_3、C_5 が変わり、フラボンに近いもの、B環の 3'、4' の OH の数も異なる。アグリコンも存在する。花弁によってカルコン由来からロイコアントシアニジンへの広い範囲の色素のうちいずれかが特異的に存在するようだ。赤色の花びらの主成分を 図7-1 に近いものとすれば、室内に放置すると糖分（Gl）が変色菌でやられ、菌特有の色がでてくる可能性もある。お湯に浮かべて飲むサクラの花は塩がきいていて、長期保存できる。私より早くサクラの花びらを手がけた人は多いだろう。

　キトサンはアミノ基をもつカチオン性のポリマーである(第4章参照)。キトサンの弱酸性溶液に色素を混和して、セルロースを染めたのが 図7-2 である。

　セルロースの表面はアニオン性である。したがってキトサンやサザンカ色素をよく吸着できるらしい。私達がこれをシンポジウムで話した頃、京都の名のある染色家によると、チューリップの花びらを用いた染色がうまくできるといわれた。

　その頃、朱色の合成染料を極めて薄い水溶液にして、セルロース、白い木肌のシラベなどを染めた。すると、淡いサクラ色に染まった。その後、淡い色染め紙(例：メモなど)が売られるようになり、メモの整理がしやすくなった。色の種類が増えず、長つづきしてほしい。

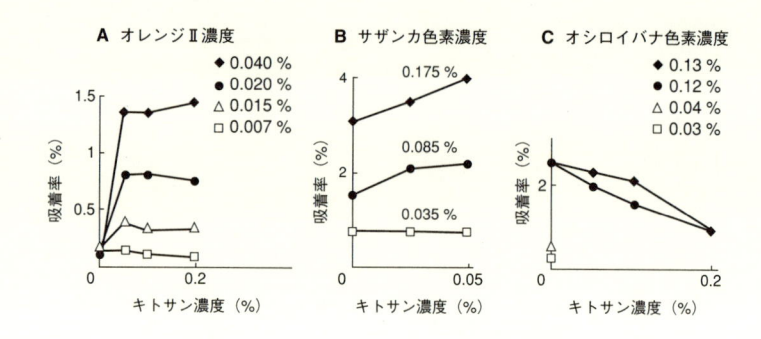

図7-2　A, B, C　セルロースへの色素吸着率[1]

もう一つの紅葉について述べる。カエデの葉の中で昼間にクロロフィルの活動が盛んなとき、生成された糖が秋には寒冷のため動きがにぶくなる。その際、この還元作用によって色素成分をアントシアン(この系統の総称)にかえる。

たとえば、クリサンテミンが生じる。これは、図7-1 において C_3-O-$C_6H_{11}O_5$、C_5-OH であり、C_1 の位置の $-O^+$ に対して Cl^- による塩を形成している。これがカエデの紅葉(赤褐色)の原因色素である。塩形式をアントシアニジンと呼び、C_3-OH、C_3'、C_4' は H で示される。アルコール易溶、酸性で朱、赤、赤紫、アルカリ性で青である。

一方クロロフィルは秋には黄味を帯びる。イタヤカエデ、ミツデカエデ、ウリカエデ、ミネカエデ、ヤマモミジなど北海道と本州に多い。紅葉しやすい品種にはノムラ、ショウジョウ、ベニシダレがある。

【注2】　樹木のウルシのおくりものは、うるし塗料である。主成分はウルシオール(60%)、ゴム質(多糖類、7%)、含チッソ化合物(2.6%)、水(30%)とラッカーゼ(少量)である。これらが生ウルシの粘ちょう液となっている。硬化過程を永瀬氏ほかの図7-3にそって簡単に記す。

①はウルシオールであり、Rは $-(CH_2)_7-CH=CH-\cdots\cdots$ のような連鎖で、⑥の形である。

①はラッカーゼによって酸化され、②をへてウルシオールキノン③になる。2個のセミキノン②の2つは④のようなジフェニルを生じる。④は⑤になる一方、③と反応して⑦のような3量体を生成する。他方、③と①で⑥のような2量体も生じている。硬化がさらに進むには、ジフェニル体のような化合物Rの不飽和結合が空気酸化によって開裂し、架橋をあちこちに作る。これは生うるしの乾燥といわれ、一定温度で高湿度のところでなされる。この技法は地域によって工夫される。また①は東南アジ

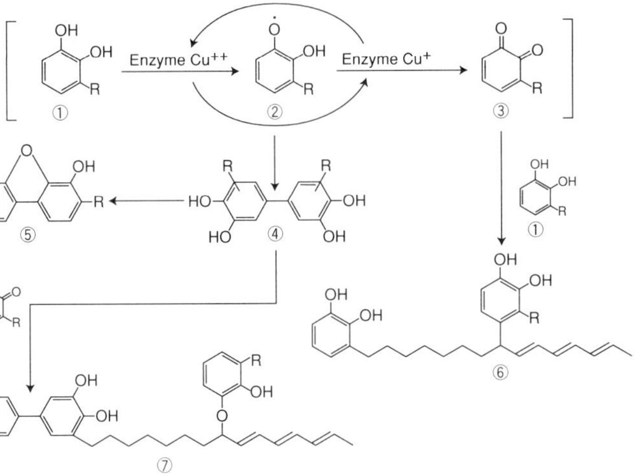

図 7-3 ラッカーゼによるウルシオールの重合[2]

アの各地でラッコール、チチオールのように異なり、R も種類が多い。

【注3】 双ヶ丘における主要な植物は吉田鉄也氏ほかの調査によると、アカマツ、エゴノキ、クリ、ソヨゴ、リョウブ、カクレミノ、ヤマウルシ、ヒノキ、アラカシ、シャシャンポ、コナラ、サワミズザクラ、コジイ、ナナメノキ他 12。

【注4】 万葉の人のイメージを植物の例であげると、私見であるが、ワカナ(若菜)やヤマブキと額田王君、ヒノキやタチバナと柿本人麻呂、ハギやアシと山部赤人、ユリやナデシコと大伴家持、七草やハハコグサと山上憶良のようになる。

2．神社、公園の林

1）奈良の春日スギ

1960年頃、奈良県から春日スギの保存について依頼を受けた。御神木は直径1m以上もある年輪の整ったもので、玉切りされていた。元口に近い断面に放射方向の割れがあるので、早々に樹皮も含めてポリウレタンで固めてもらった。春日山には直立した立派な春日スギの林があり、大社の参道も深い鎮守の森であった。1985年頃の秋の夕、すでに灯のついた社務所から暗くなった道を急いだ。すると、数匹と思われる鹿がこれまで聞いたこともない野生の声で私の横の木々の

中を動いた。かつて雄鹿の角切りで逃げるとき、キューッとかピューッと甲高い声をあげる。私は急いで明るい町へ出た。そして、神の化身の御神木が使徒とさえいわれる鹿に、夜だけ野性を育んでいるように思えた。同じ鹿でも山奥で野生化しているものは嫌がられ、いつも一目散に逃げているような野ウサギもあわれである。サルのように名付けられ親しまれるものもいるが、彼等の生存権を保障する林があればと思う。

2）カリフォルニアの森林公園

1982年、カリフォルニア大のバークレイ校にいた。ある日、キャンパスの山側の森林公園に散歩に出かけた。ファーやオークの疎林は明るく気持ちが良い所だった。突然、犬がけたたましく吠えた。私は犬を見てぎょっとした。後脚が一本なのだ。犬は私を見て尾をふった。そして先にバーレイの小径を下っていった。見えない脚があるように腰が動くのを見て、私の気持ちはすっかり沈んだ。

カリフォルニアの陽光はとても明るく、キャンパスでは芝生の上で学生達が日光浴を楽しんでいた。ある日、芝生であの犬に出会った。喜々として走っているのを見てほっとした。広々とした中で遊んでいるようだった。3度目は思わぬ所だった。キャンパスのはずれに地下鉄(バート)の駅があった。私はエスカレータで上へ行こうとすると、犬がはげしく吠えた。学生がすでにエスカレータを降りて英語で犬にどなっている。犬はこわくて乗れない。私は"あっ"と声を出した。その犬は森林公園で出会った犬だった。私は何とかしなければとあせった。学生が階段を下りてきた。

程なく私は帰国した。その際、森林公園に住む動物の小冊子を買った。そしてあの広いフィールドにおける彼等の生態ネットを知った。

多摩森林科学園の田村典子氏から林冠や林床の動物の文献を見せてもらった。動物の行動範囲は広く、たとえば日本リスでは貯食であちこちに移動して拡がる[3]。北海道のエゾリスがひとまわり大きいのは食物の多い春、夏に大きく育ち、冬は動かず冬眠するからだろうか。この地のポプラ、ハルニレは心材にも水分量が多い。春の開葉期に大きい導管も加わり、十分水分が供給され、大きく成長するらしい。

日本の都市公園ではやはり狭く、動物や植物にとって不利である。前述のような犬やリスが住める環境でなく、東京の公園ではカラスが多い。

2003年の10月末、カリフォルニア南部で大きな山火事が発生した。消火が出

来ず、日本でも TV で報じられた。知人のシュニービント氏の住むバークレイ市でも危機であったことが次の一文でもわかる。

"We were also woried about possible fires in the Bay Area, but we were spared and now we have rainy weather to protect us."

私の経験であるが、5～10月の間のこの地方はほとんど雨が降らない。11月に雨があると緑がよみがえる。森林火災は落葉の乾燥度（大気湿度と関係）と枯木、枯草および風などの気象が重要因子といわれる。阪神・淡路大震災では、公園の木々が延焼を止め、避難場所になった。身近な都市公園の木々は森林公園に及ばないが、防災には有用である。

公園や並木の樹木は環境指標になっている。たとえば東京のソメイヨシノは、気温の変化から、3月末に開花、11月頃再び返り花をつけることがある。11月に12～15℃の暖かい日がつづくときである。8月頃、光化学オキシダントによって、落葉して身を守る。しかし、次第に衰弱する。アカマツは、NO_x、害虫、病原体によって身を守れず枯れてしまう。私達に温暖化を警告して北へ北へと移動している。

3．育てられる林

ジャン・ジオノ (Jean Giono) の小説 "L' hom me gui plantait des arbres" 原みち子訳『木を植えた人』(1989) はわが国の緑化運動に大きく貢献した。

『木を植えた人』はアルプスの西端のあの峨々とした山稜が衰弱して、低い支脈にかわる南フランスのプロヴァンス地方の話である。岩肌の見える不毛の高原はさらに下ると、デュランス川やヴァントウ山麓の村里にいたる。岩石地はラヴェンダーの草地で木は少ないが、ジオノが子供の頃、父とドングリを拾ったりした経験が自然愛となって、このストーリーの基調をなしている。ジオノの反骨、反戦の精神が人間愛の伏線をなし、農夫の気質に反映されている。

植林に目を向けると、原文 p.28 (1 行目) にシェーヌ (chêne) がでてくる。これはカシワ、カシ、ナラ、クヌギさらにシイまで含む種類がある。原氏はカシとまとめておられる。これらはいわゆるドングリのなる木である。クヌギは丸味、シイは細長く、他はその中間で、細長だがふっくらしていた記憶がある。虫の孔が多く、袋の中でしばらく忘れていると、中には殻を割って白い根と子葉がでてい

ることもあった。

　さて、原著ではブナ、カバ、カエデなどが育っている。2003年の夏、この地方は酷暑だったようである。この地方はミラボーに近く、南の地中海沿岸の温暖な気候下になると良質のカエデが産出されるそうである。

　私は読んだ後、次の構図を考えた。

A. 1 木を植える人　2 木を育てる人　3 木を用いる人

　1950年頃より、わが国ではスギの拡大造林がなされ、現在、すでに間伐期に入っている（すでに過ぎているものもある）。スギ苗を植えた人は老境にあり、2の若い人が後継中であるが、世の中の回転が早く、先人の努力に報えず各地で行き詰まってきた。世の中の移行する因子を構図にすると下記のようであろうか。

B. 社会・経済　国際・民族　科学・工業技術　生活(環境)・生命(健康)

　たかが間伐材といってもBの経済、国際競争、他の工業製品、健康（花粉症）などの点で、有利と不利が並ぶ。Bはいろいろな結びつきで次のCと関係する。

C. 資　源　広義の環境　エネルギー持続性　リサイクル

　間伐材は持続性のあるバイオマスであり、メタン（ガス）、エタノール、メタノールとしてエネルギーが得られる。そしてこの基礎となるのは次のDである。

D. 歴　史　風　土　文　化　サイエンス

　ここで科学でなく広くサイエンスとした。さて、間伐材が小径、低質の場合、生物化学的変換あるいは微生物利用によるパルプ化、樹皮より有用ケミカルスの抽出などの実験方法がある。しかし、国際的交易によってパルプ用チップが輸入されるので、実用的進展がない。スギ林が多い地方では、素材化への取り組みがなされているが、手段が画一的であり、効率も低いといわれる。今後の新手法に期待がかかる。食品の輸入による病原体の蔓延やインフルエンザなどで、今春もカーソン氏の"Spring of Scilence"である。木材の輸入も現地に迷惑をかけている。間伐材を大切にしなければならない。

　林の生物の多様性に加えて、樹木の循環・持続性はエネルギー収支の観点でも、環境科学でも重要視される。地球温暖化に対するCO_2の低減方法は、化学プラント法、微生物利用など鋭角的手法がある。しかし、植物の光合成機能は環境負荷やエネルギー的にLCAの視点でも21世紀には有利である。遺伝子操作による新育種も注目される。

一方、細胞工学の進展によって、遺伝子、T-DNA、安全な遺伝子組換えと新育種によって、実験林から温室、無菌室へ、ハコヤナギからクローンへ移行し、分子細胞生物学を基礎に21世紀のバイオマスへ展開されようとしている。

[補足1]

　「育てられる林」を補足しておく。身近な里山、棚田、空き農地には市民活動の輪が広がってきた。地域ごとの特色が出て、新しい景観、文化に育ってほしい。これまでのリンゴ、モモ、ミカン、ナシ、カキ、クリ、近頃ではブドウ、サクランボなどの果樹林も充実される。

　花粉分散の敏感圏以外の、たとえば東北には、用材、バイオマスのためのスギ山、広葉樹林が期待される。もちろん、地方によって、ヒノキ山、ブナ林、カラマツ林があるはずである。これらに介在して、平成の遺産として樹木、草本、小動物の保護区があって、自然学のフィールドにしたい。たとえば花でもカエデの種によって、イタヤカエデは緑味の黄色、ハウチワカエデは赤色である。ノイバラ(野生)は白色、ヤマハギは紅紫色、カツラは赤味の雄花などの観察の場である。

　また、都市では低中層マンションの樹林コーナー、町屋の並木、郊外の雑木林と田園・緑で囲まれた住宅、街道のたたずまいと古木など、わが国はまだまだ育てる林が多い。

● 参考文献

1) 山本晃子：東京農工大農学部卒業論文 (1996)
2) 永瀬喜助ほか：塗装工学、**27**、11 (2002)
3) 田村典子：霊長類研究、**13**、129 (1997)
4) 原みち子訳：『木を植えた人』、こぐま社、23 (1989)

索　引

A ～ Z

ADP 31
ATP 31
BETの多層吸着式 73
CO_2濃度 32
DNA 31
G_{1C} 77
IAA 32
LVL 49
NADP 31
PVA 77
RuBP 31
SP値 58
$\tan \delta$ 83
WPC 58
Young・Laplaceの式 17

ア　行

青森ヒバ 15
アガサレジノール 38
赤沢休養林 7
アカマツ実生 59
圧密材 46
アテ 45
アテ材 49
アベマキ 85
アミド結合 79
アヤスギ 39
アラカシ 89
アラビノグルクロノキシラン 44

アロファネート結合 79
アントシアニジン 88
アントシアニン 87
暗反応 31

イグサ 61
伊勢神宮 9
イソシアネート系接着剤 79
イタヤカエデ 86
遺伝子操作 92
イロハモミジ 86
陰樹 60
引張アテ材 71
インドール3-酢酸 34

ヴァイオリン 82
ウラジロモミ 55
裏スギ 46
ウリカエデ 88
ウルシオール 88
ウルシオールキノン 88
ウレタン結合 20, 79

エポキシ樹脂 78

オイゲノール 66
応力緩和 75
オーク 90
尾瀬 71
温水抽出物 44

カ 行

開口型破壊	76
拡散係数	15, 19
カジネン	20
δ-カジノール	38
カシワ	91
活性点	25
カツラ	48
ガムラン音楽	68
ガラクトグルコマンナン	44
カラマツ林	53
夏緑林	70
カルビン・ベンソン回路	32
乾球温度	17
含水率分布	16
間伐材	92
顔料	57
キチン	63
キトサン	87
凝集エネルギー密度	58
共振振動数	42
巨樹	9
木を植えた人	91
金閣寺	60
屈斜路湖	81
$β-1,4$ グリコシッド結合	34
クリサンテミン	88
グルクロノキシラン	25
UDP-グルコース	34
クロモジ	85
クロロフィル	88
光化学オキシダント	91
光合成機能	92
酵素複合体	34
合板	49
光リン酸化	31
黒炭	74
五色沼	60
コナラ	89
コメツガ	55
ゴルジ体	34

サ 行

細孔径	12
最大せん断応力	49
最大せん断応力度	28
最大せん断力	28
最大曲げ応力度	28
最大曲げモーメント	28
細胞壁の面積率	39
細胞壁のヤング率	39
材料の温かさ―冷たさ	21
サシキ	47
サワフサギ	85
サワミズザクラ	89
残積土	7
3層ボード	46
山腹温暖帯	72
ジオキサンリグニン	42
色彩設計	82
示差走査熱量分析	73
示差熱分析	73
持続性	92
湿度の測定	26
ジベレリン	34
シャカイン	39, 46, 49
収縮応力	13
収縮ひずみ	13
集成柱	12
重積土	7
樹冠材	9
樹脂	57
蒸散作用	69
小胞体	34
縄文スギ	31

触感 ･････････････････････ 20
シラビソ ･･････････････････ 55
人工シボ ･･････････････････ 50
森林火災 ･･････････････････ 91
森林浴 ････････････････････ 8

水性ペイント ･･････････････ 57
水素結合 ･･････････････････ 12
水脈 ･･････････････････････ 68
スギレジノール ････････････ 38
ストラディヴァリウス ･･････ 83
すべりの官能値 ････････････ 21

成長応力 ･･････････････････ 63
生物化学的変換 ････････････ 92
青変菌 ････････････････････ 64
赤外 CO_2 分析装置 ･･････････ 32
切削抵抗 ･･････････････････ 10
接線方向の収縮率 ･･････････ 63
α-セルロース ･･･････････････ 42
セルロース ････････････････ 34
遷移状態 ･･････････････････ 60
センゾク ･･････････････････ 50
染土 ･･････････････････････ 61

ソヨゴ ････････････････････ 86
反り ･･････････････････････ 18

タ　行

ターミナルコンプレックス ･･ 34
体積弾性率 ････････････････ 43
ダケカンバ ････････････････ 55
タフネス ･･････････････････ 48
タブノキ ･･････････････････ 60
担子菌類 ･･････････････････ 64
タンニン ･･････････････････ 78
単分子層の吸着水 ･･････････ 73
断面係数 ･･････････････････ 28
断面 2 次モーメント ･････ 28, 46
単ラーメン ････････････････ 27

稚樹 ･･････････････････････ 68
中空構造 ･･････････････････ 83
調合ペイント ･･････････････ 57
調湿効果 HCE ･････････････ 22

ツガ ･･････････････････････ 48
β-ツヤプリシン ････････････ 15
鶴岡八幡宮（鎌倉） ････････ 60
ツルグミ ･･････････････････ 86

テーパー 2 重片持ちはり ････ 78
手ざわり ･･････････････････ 20
α-テルピニルアセテート ････ 8
デンプン ･･････････････････ 78

透湿抵抗 ･･････････････････ 16
トウヒ ････････････････････ 55
トーネット法 ･･････････････ 75
ドーパミン ････････････････ 68
都市公園 ･･････････････････ 91
ドングリ ･･････････････････ 91

ナ　行

ナイロン研磨布 ････････････ 50
ナナカマド ････････････････ 81
双ヶ丘 ････････････････････ 86

ニカワ ････････････････････ 78
日本リス ･･････････････････ 90
尿素結合 ･･････････････････ 79

ネズコ ････････････････････ 46
熱硬化樹脂系 ･･････････････ 77

ノルリグナン ･･････････････ 15

ハ　行

パーティクルボード ････････ 48
破壊靱性 ･･････････････････ 77

ハギ	86
パラコール	42
はりのたわみ	28
ハルニレ	90
半減時間	15
ハンノキ	86
ヒイラギ	85
東山魁夷	60
微小管	34
微生物利用	92
非弾性部分	48
ヒドロキシアスロタキシン	38
α-ピネン	8
β-ピネン	20
ヒノキオール	15
ヒノキオン	15
ヒノキ材油	20
ヒノキニン	15
ヒノキの耐久性	26
ヒノキの年輪幅	8
ヒノキレジノール	20, 15
ビュレット結合	79
平等院	9
ファー	90
複合系のヤング率	44
複合振動子法	42
節	12
ブナ平	46
フラボノール	87
フラボン	87
分げつ型	61
分泌小胞	36
壁孔対	16
ベニズワイガニ	63
ヘルムホルツの共鳴箱	83
ぼう圧	34

鳳凰山	53
放射組織の細胞高	41
放射組織の分布数	41
法隆寺	9
ホオノキ	85
ボカスギ	46
補酵素	31
ポプラ	90
ポリフェノール	14
ポルトランダイト	23
ボルニルアセテート	8, 20

マ 行

マイクロ波	76
曲げ剛性	46
曲げ仕事量	48
摩擦係数	10
マツノザイセンチュウ	62
マツノマダラカミキリ	62
マトリックス	44
摩耗仕事量	11
マリンバ	84
マルゴ	17
みがき丸太	50
ミクロトーム	10
ミクロフィブリル	34
ミクロフィブリル傾角	40
実生	47
ミズスギ	31
水ポテンシャル	69
ミズメ	46, 48
ミツデカエデ	88
ミトコンドリア	34
β-ミルセン	66
ムラサキシキブ	85
明反応	31
メープル	83

木酢液 ································ 74	溶剤 ································ 57
木製サッシ ······················ 56	陽樹 ································ 60
モノリグノール ················ 36	横巻きの MF ···················· 45
	吉田山 ····························· 86

ヤ　行

ラ　行

ヤシオツツジ ···················· 67	ラッカーゼ ······················ 88
ヤブクグリ ······················ 39	リグナン ·························· 15
ヤマウルシ ······················ 86	リグニン ·························· 34
ヤマザクラ ······················ 85	リサイクル接着剤 ············ 79
ヤマモミジ ······················ 88	リモネン ···························· 8
有用ケミカルス ················ 92	リョウブ ·························· 86
ユズ ································ 86	

ワ　行

溶解度パラメータ ············ 58	和洋折衷型 ······················ 26

著 者:
鈴木 正治 (すずき まさはる)

著者の略歴など:
　1933年、京都市に生まれ、当地で小学から大学まで教えを受けた。1958年、京都大学農学部林学科を卒業し、同大学続いて国立林業試験場、東京農工大で教育と研究の仕事をさせていただいた。1997年、東京農工大学農学部環境資源科学科(教授)を退職し、その後日本大学生物資源科学部の教育に加わった。もう、"Biblical age" を過ぎた年寄りである。
　complete な仕事でないのに、日本木材学会賞(1967)、紫綬褒章(1997)など、お励ましを受けた。
　下記の著書(共著)がお役に立てればと思う。

・新編木材工学（養賢堂、1985）
・林業実務必携（朝倉書店、1987）
・複合材料ハンドブック（日刊工業新聞、1989）
・実用表面改質技術総覧（産業技術サービス、1993）
・居住性ハンドブック（朝倉書店、1995）
・木材科学講座5 環境（海青社、1995）
・木材科学講座8 木質資源材料（海青社、1998）

わたしのじゅもくがくしゅうのおと
私の樹木学習ノート

発行日	2004年6月10日　初版第1刷
定価	カバーに表示してあります
著者	鈴木　正治
発行者	宮内　久

海青社 Kaiseisha Press
〒520-0112　大津市日吉台2丁目16-4
Tel. (077)577-2677　Fax. (077)577-2688
http://www.kaiseisha-press.ne.jp
郵便振替　01901-1-17991

● Copyright © 2004　Masaharu Suzuki　● ISBN 4-86099-211-3 C3060
● 乱丁落丁はお取り替えいたします　● Printed in JAPAN

木材科学講座（全12巻）　□は既刊です

木材に関する理解を深め、木材利用技術の進展に努めることは、かけがえのない木材資源の有効利用の面からも極めて重要である。今回、木材に関係する多数の先生方のご協力によって、本講座が刊行されることとなった。木材について学びつつある方々の入門書として格好のものである。本書の出版が我が国における木材研究の活性化とその進展に大いに資することを期待したい。　　　　　　　　　　　　　　　（日本木材学会 元出版委員会委員長　飯塚尭介）

□	書名	価格・ISBN	□	書名	価格・ISBN
1	概　　論	定価 1,953 円 ISBN4-906165-59-1	7	乾　　燥	（続刊）
2	組織と材質	定価 1,937 円 ISBN4-906165-53-2	8	木質資源材料 改訂増補	定価 1,995 円 ISBN4-906165-80-4
3	物　　理	定価 1,937 円 ISBN4-906165-43-5	9	木質構造	定価 2,400 円 ISBN4-906165-71-0
4	化　　学	定価 1,835 円 ISBN4-906165-44-3	10	バイオマス	（続刊）
5	環　　境	定価 1,937 円 ISBN4-906165-60-5	11	バイオテクノロジー	定価 1,995 円 ISBN4-906165-69-9
6	切削加工	定価 1,835 円 ISBN4-906165-45-1	12	保存・耐久性	定価 1,953 円 ISBN4-906165-67-2

木材乾燥のすべて【改訂増補版】
寺澤 眞 著
A5判・737頁・定価9,990円／ISBN4-86099-210-5

木材の高周波真空乾燥
寺澤 眞・金川 靖・林 和男・安島 稔 著
B5判・146頁・定価3,675円／ISBN4-906165-72-9

木質の形成
福島・船田・杉山・高部・梅澤・山本 編
A5判・382頁・定価3,675円／ISBN4-86099-202-4

木材の基礎科学
日本木材加工技術協会 関西支部 編
A5判・156頁・定価1,937円／ISBN4-906165-46-X

広葉樹の育成と利用
鳥取大学広葉樹研究刊行会 編
A5判・205頁・定価2,835円／ISBN4-906165-58-3

広葉樹材の識別
IAWA委員会編／伊東隆夫・藤井智之・佐伯浩 訳
B5判・144頁・定価2,500円／ISBN4-906165-77-X

樹木の顔
編集／日本木材学会抽出成分と木材利用研究会
B5判・384頁・定価4,900円／ISBN4-906165-85-0

木材科学略語辞典
日本材料学会 木質材料部門委員会 編
四六判・360頁・定価3,773円／ISBN4-906165-41-9

住まいとステータス
松原小夜子 著
A5判・208頁・定価2,730円／ISBN4-906165-87-7

伝統民家の生態学
花岡利昌 著
A5判・199頁・定価2,650円／ISBN4-906165-35-4

国宝建築探訪
中野達夫 著
A5判・320頁・定価2,940円／ISBN4-906165-82-6

木の家づくり
林業科学技術振興所 編
四六判・280頁・定価1,980円／ISBN4-906165-88-5

もくざいと科学
日本木材学会 編
B6判・150頁・定価1,326円／ISBN4-906165-25-7

もくざいと環境
桑原正章 編
四六判・153頁・定価1,407円／ISBN4-906165-54-0

住まいとシロアリ
今村祐嗣・角田邦夫・吉村剛 編
四六判・174頁・定価1,554円／ISBN4-906165-84-2

もくざいと教育
日本木材学会 編
B6判・125頁・定価1,223円／ISBN4-906165-39-7

住まいと木材【増補版】
日本木材学会 編
B6判・137頁・定価1,326円／ISBN4-906165-32-X

樹体の解剖
深澤和三 著
四六判・199頁・定価1,600円／ISBN4-906165-66-4

森のめぐみ木のこころ
金田 弘 著
四六判・158頁・定価1,478円／ISBN4-906165-63-X

雅びの木
佐道 健 著
四六判・201頁・定価1,680円／ISBN4-906165-75-3

● 小社の書籍は全国の書店でご注文頂けます。FAX、インターネットからのご注文も承っております（奥付参照）。
● 表示価格は税込価格（税率5％）です。